U0061256

法國小孩的
365天
創意繪畫書

真由美・傑澤斯基 著 / 繪

新雅文化事業有限公司
www.sunya.com.hk

新雅‧遊藝館

法國小孩的365天創意繪畫書

作　　者：真由美‧傑澤斯基 (Mayumi Jezewski)
繪　　圖：真由美‧傑澤斯基 (Mayumi Jezewski)
責任編輯：陳志倩
美術設計：鄭雅玲
出　　版：新雅文化事業有限公司
　　　　　香港英皇道 499 號北角工業大廈 18 樓
　　　　　電話：(852) 2138 7998
　　　　　傳真：(852) 2597 4003
　　　　　網址：http://www.sunya.com.hk
　　　　　電郵：marketing@sunya.com.hk
發　　行：香港聯合書刊物流有限公司
　　　　　香港新界大埔汀麗路 36 號中華商務印刷大廈 3 字樓
　　　　　電話：(852) 2150 2100
　　　　　傳真：(852) 2407 3062
　　　　　電郵：info@suplogistics.com.hk
印　　刷：中華商務彩色印刷有限公司
　　　　　香港新界大埔汀麗路 36 號
版　　次：二〇二〇年六月初版

ISBN: 978-962-08-7543-4
Original Title: 365 Dessins Kawaii Pour Toute L'année!
© First published in French by Fleurus, Paris, France – 2018
Traditional Chinese Edition © 2020 Sun Ya Publications (HK) Ltd.
18/F, North Point Industrial Building, 499 King's Road, Hong Kong
Published in Hong Kong
Printed in China

☆ 目錄 ☆

如何畫出可愛的圖案？ 4

 動物篇 8

植物篇 44

 食物篇 53

日常生活篇 100

 人物篇 155

交通工具篇 173

 世界及自然篇 180

☆ 注意比例 ☆

繪畫人物圖案時，我們可以把人物畫得嬌小一點，而且頭部要比身體大，這樣人物圖案看起來就會加倍可愛了！

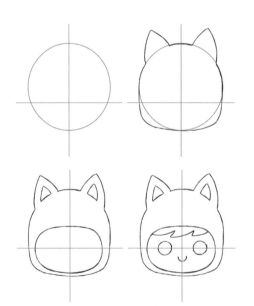

☆ 繪畫頭部 ☆

我們可用鉛筆起草，先畫出一個簡單的幾何圖形，如左圖中的圓形，然後在圓形上畫十字線，這些輔助線能協助你畫出人物的臉蛋，並在適當的位置畫上眼睛、嘴巴、耳朵等部分。

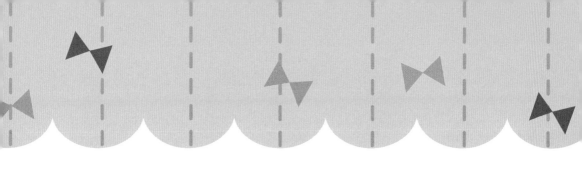

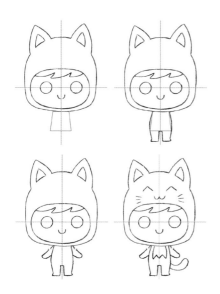

把頭部的十字線加長，延伸至雙腿位置，然後繪畫一個簡單的幾何圖形作為身體的輪廓，並逐一畫出手、腳、尾巴等部分。待畫好圖案的所有線條後，便可把輔助線用橡皮擦掉。

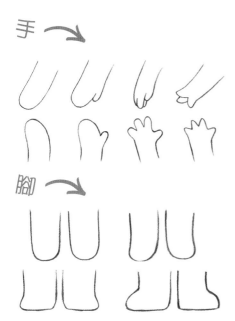

手 →

腳 →

用簡單的線條畫出手和腳便可以了，不需要每隻手指和腳趾都畫出來。不過，你也可以為手腳加一點細節，但記得線條要渾圓一點，還有保持比例，這樣圖案看起來才更可愛！

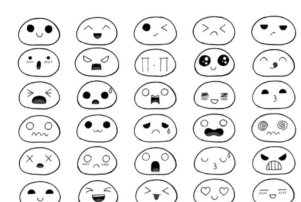

☆ 臉部表情 ☆

左邊是不同的表情繪畫示範。不同的繪畫方法，能讓人物看起來有不同的個性和心情，你喜歡哪一個表情呢？

☆ 線條 ☆

圖案的外邊線條通常都會比較粗，我們可以用水筆來加粗線條，也可以用幼一點的水筆來呈現出線條粗幼的對比，或畫出某些細節部分，例如左圖中貓貓的臉部和人物的嘴巴就是以較幼的線條來描畫。

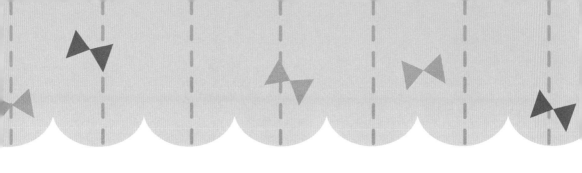

加上陰影後

☆ 上色 ☆

通常我們都會把圖案填滿顏色，但你也可以加添一些簡單的陰影，讓圖案看起來更立體。用不同的顏色筆把圖案填上顏色後，再用同一色系但較深色的顏色筆描畫陰影便可以了。

 動物篇

 植物篇

 食物篇

 日常生活篇

 人物篇

 交通工具篇

 世界及自然篇

在這本書裏，你可以找到不同主題的圖案示範。你只需要看看每一頁的小圖示，就能找出相關的主題！快翻到下一頁，跟着一起畫畫吧！

☆ 蜜蜂 ☆

☆ 蜂巢 ☆

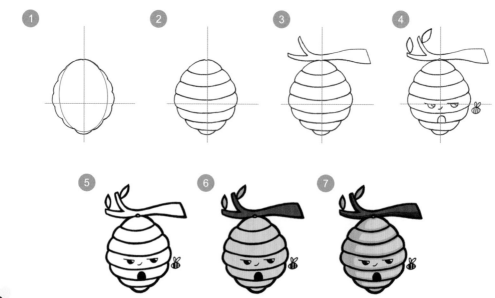

☆ 毛毛蟲 ☆

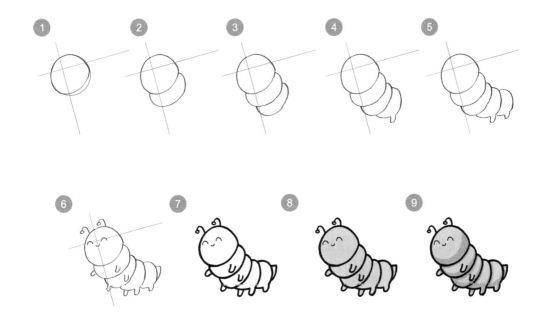

☆ 蝴蝶 ☆

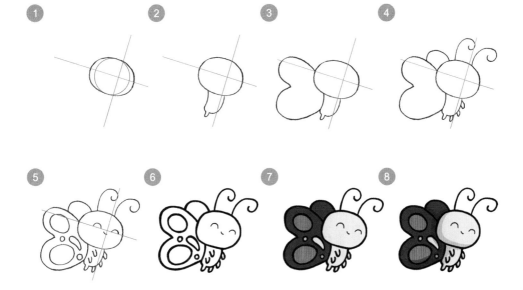

☆ 蜘蛛 ☆

☆ 甲蟲 ☆

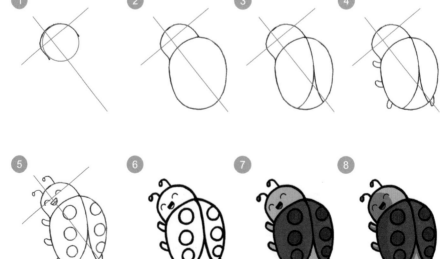

☆ 蝸牛 ☆

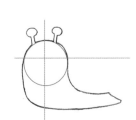

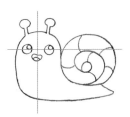

☆ 貝類 ☆

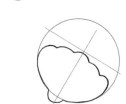

☆ 螃蟹 ☆

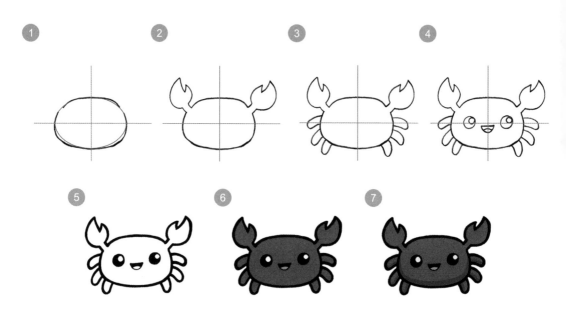

☆ 烏龜 ☆

☆ 雞泡魚 ☆

  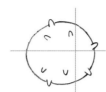  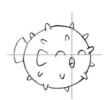

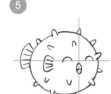   

☆ 金魚 ☆

☆ 魷魚 ☆

☆ 八爪魚 ☆

14

☆ 水母 ☆

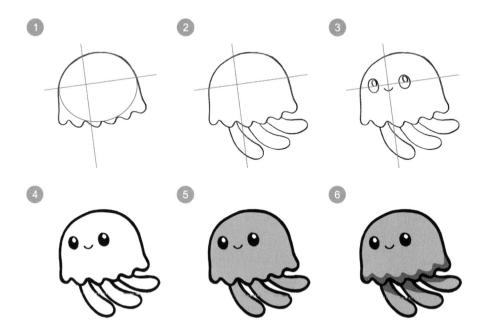

☆ 海馬 ☆

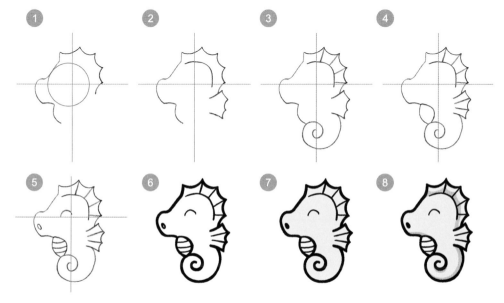

☆ 鯨魚 ☆

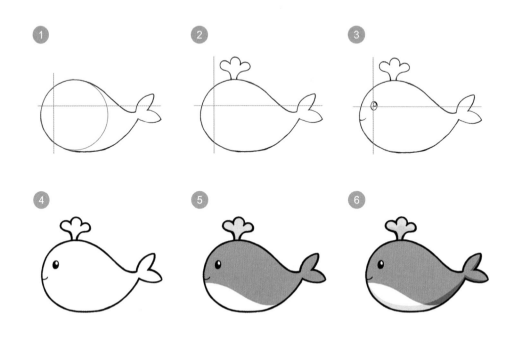

☆ 鰩魚 ☆

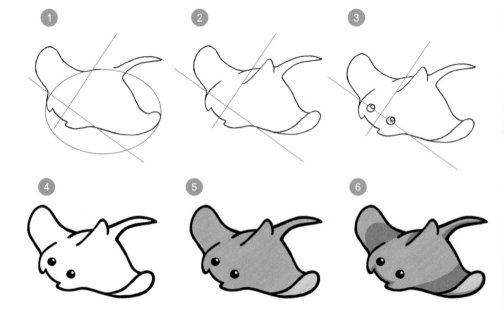

☆ 鯊魚 ☆

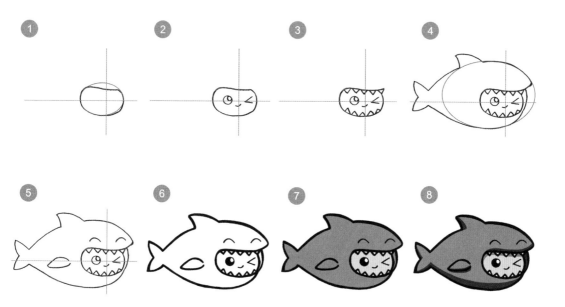

☆ 殺人鯨 ☆

☆ 海豚 ☆

☆ 海象 ☆

☆ 企鵝 ☆

☆ 紅鸛 ☆

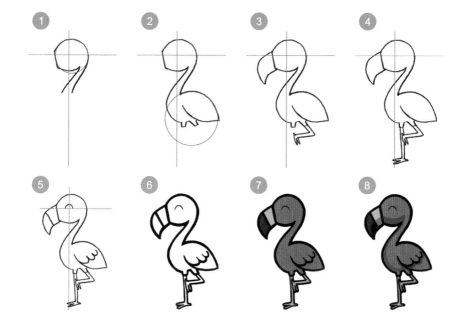

19

☆ 鴕鳥 ☆

☆ 孔雀 ☆

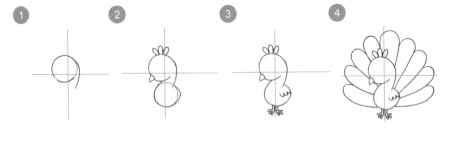

☆ 鴿子 ☆

☆ 天鵝 ☆

☆ 貓頭鷹 ☆

☆ 鸚鵡 ☆

☆ 羽毛 ☆

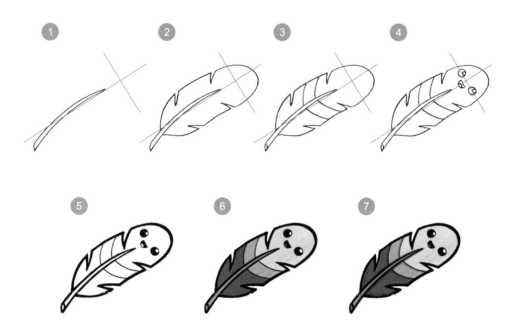

☆ 知更鳥 ☆

☆ 小雞 ☆

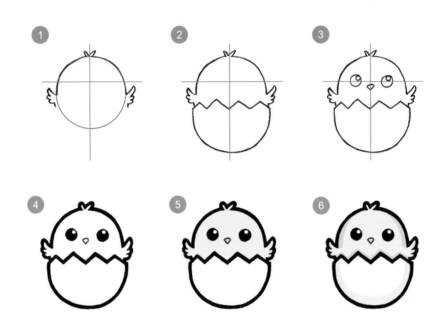

☆ 老鼠 ☆

☆ 倉鼠 ☆

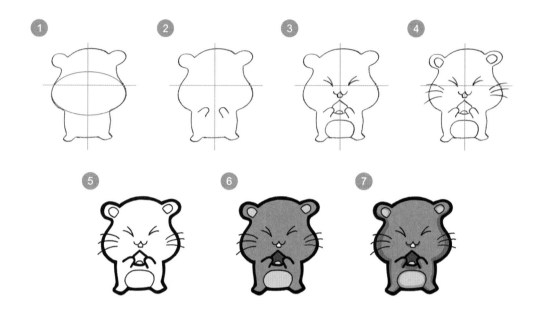

☆ 白兔 ☆

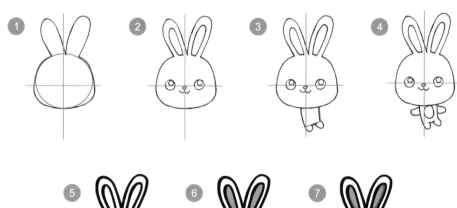

☆ 虎斑貓 ☆

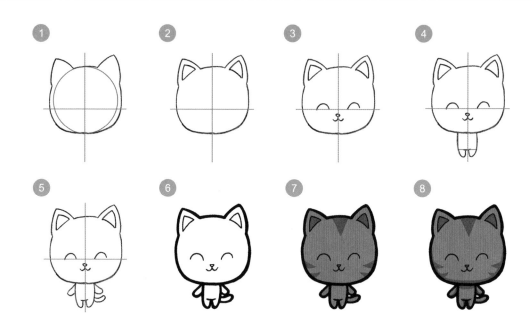

☆ 黑貓 ☆

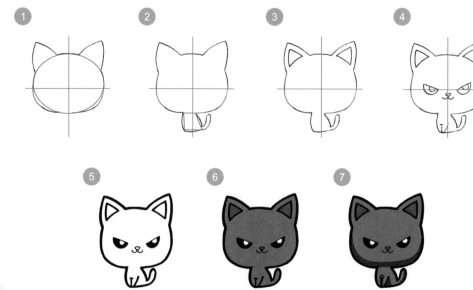

☆ 灰貓 ☆

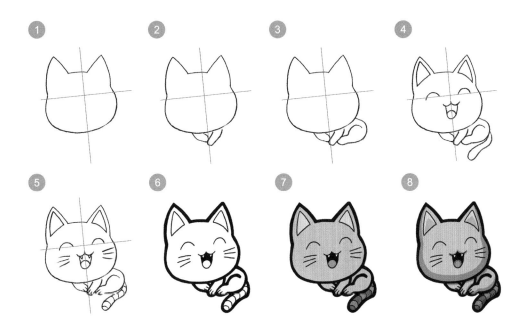

☆ 貴婦狗 ☆

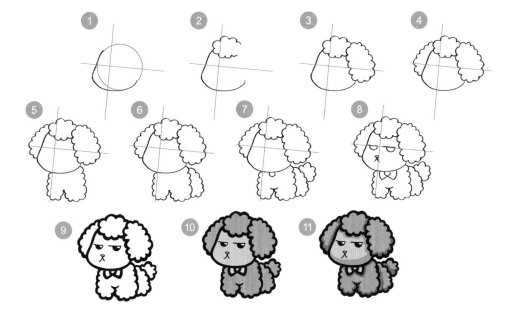

☆ 小狗 ☆

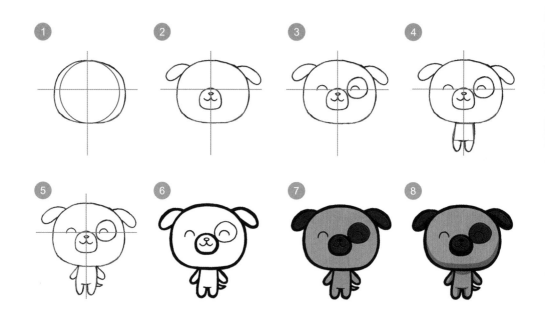

☆ 小羊 ☆

☆ 小豬 ☆

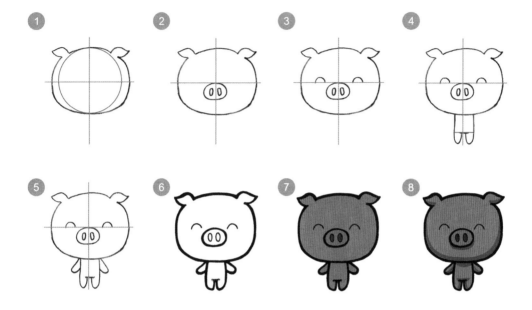

☆ 小牛 ☆

☆ 大象 ☆

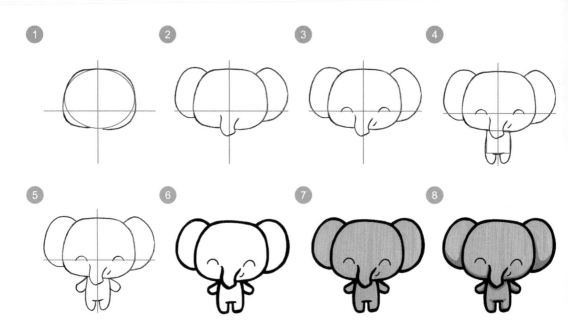

☆ 河馬 ☆

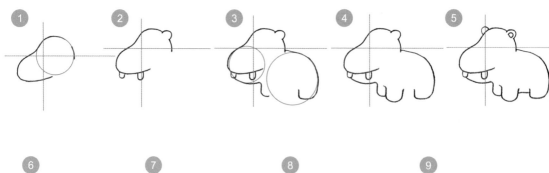

☆ 長頸鹿 ☆

☆ 獅子 ☆

☆ 駱駝 ☆

☆ 斑馬 ☆

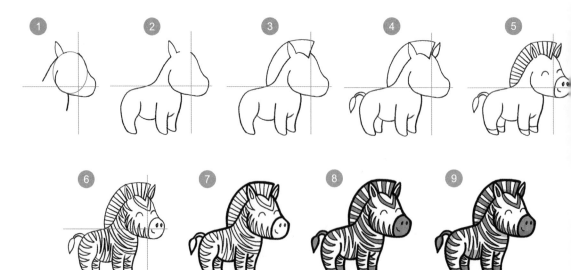

☆ 獨角獸 ☆

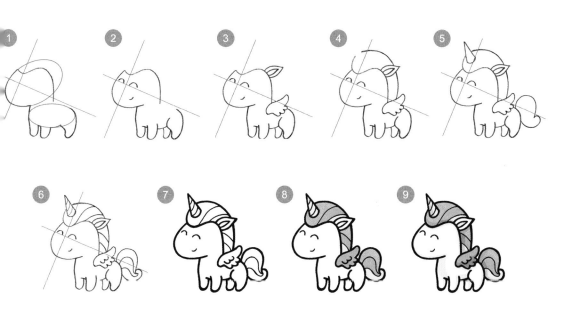

☆ 龍 ☆

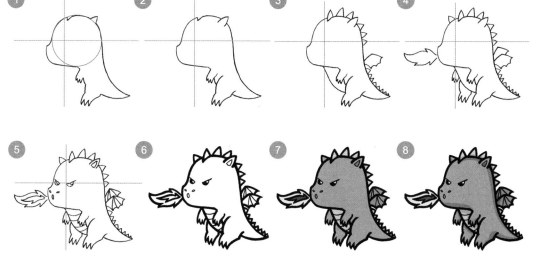

☆ 恐龍 ☆

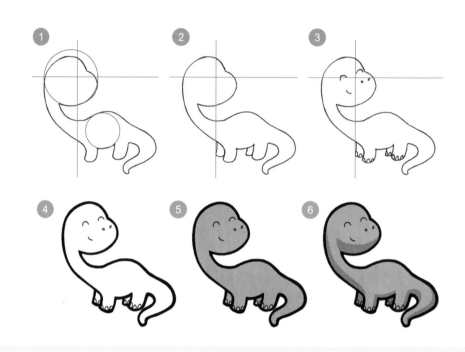

☆ 蛇 ☆

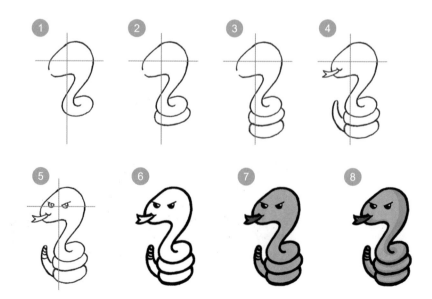

☆ 大猩猩 ☆

☆ 猴子 ☆

☆ 草泥馬 ☆

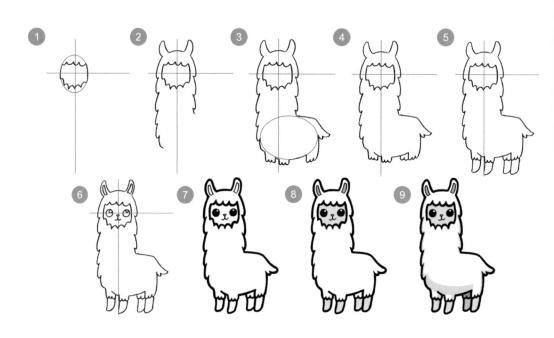

☆ 樹熊 ☆

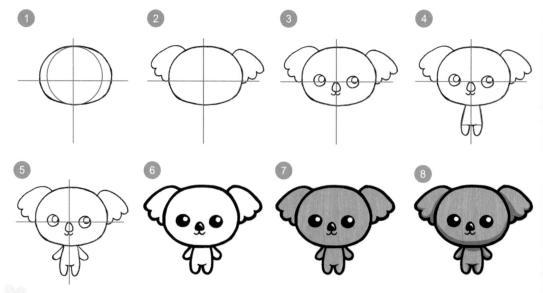

☆ 小熊貓 ☆

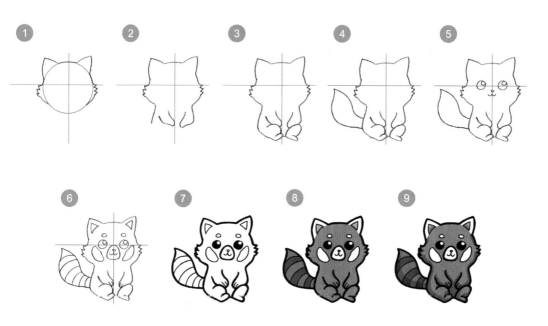

☆ 熊貓 ☆

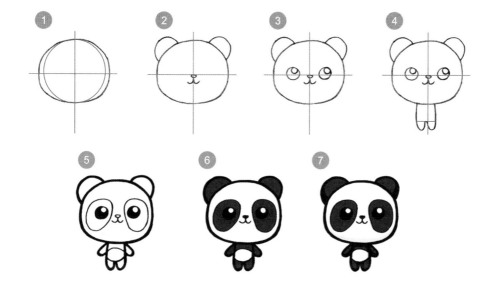

☆ 北極熊 ☆

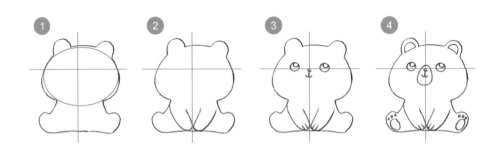

☆ 臭鼬 ☆

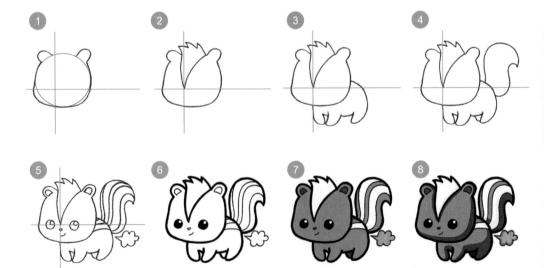

☆ 河狸 ☆

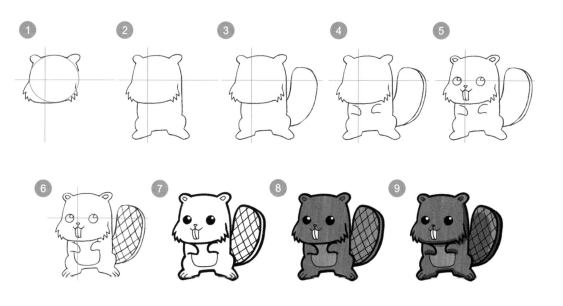

☆ 狐狸 ☆

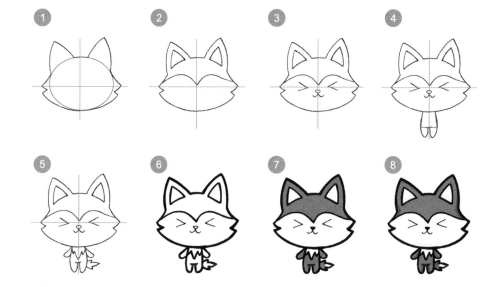

☆ 小鹿 ☆

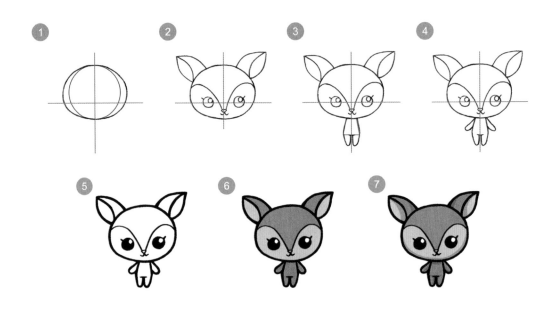

☆ 馴鹿 ☆

☆ 狼 ☆

☆ 蝙蝠 ☆

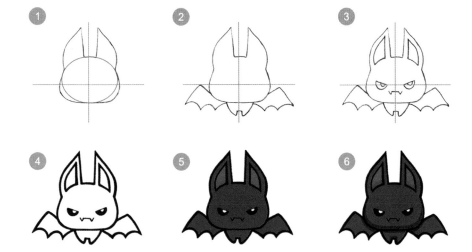

☆ 松鼠 ☆

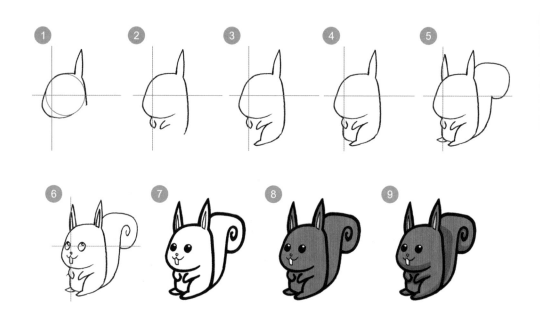

☆ 刺蝟 ☆

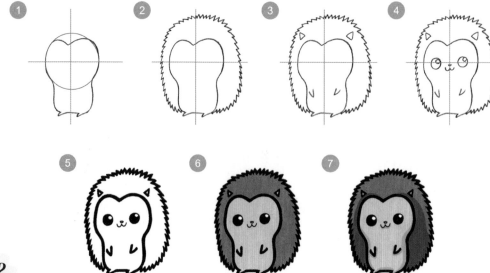

☆ 青蛙 ☆

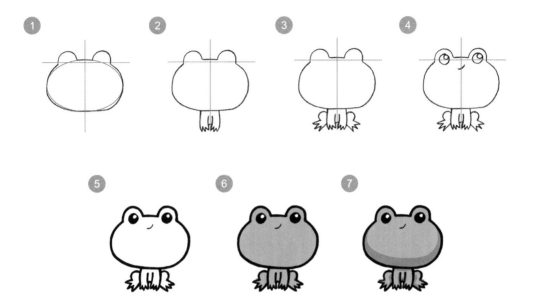

請你把喜歡的動物畫下來吧！

☆ 蓮花 ☆

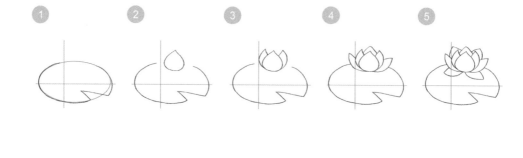

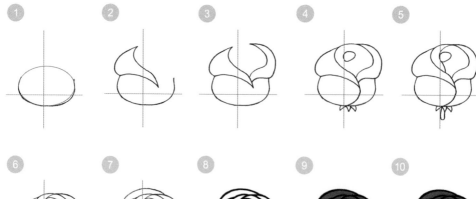

☆ 玫瑰 ☆

☆ 鬱金香 ☆

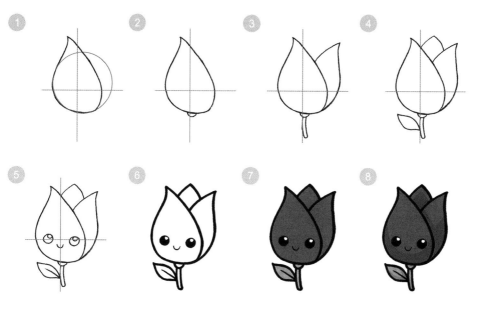

☆ 向日葵 ☆

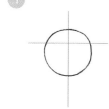

☆ 雛菊 ☆

☆ 小仙人掌 ☆

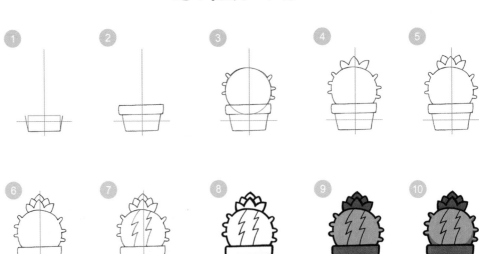

☆ 大仙人掌 ☆

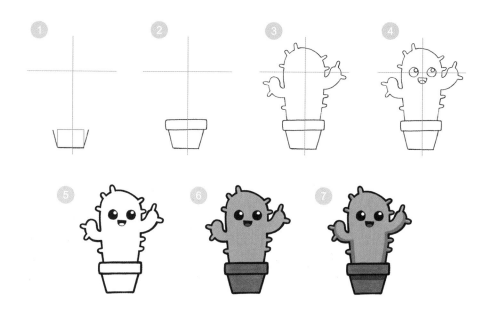

☆ 蘆薈 ☆

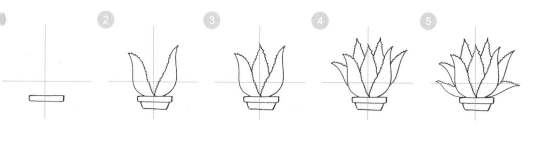

☆ 盆景 ☆

☆ 四葉草 ☆

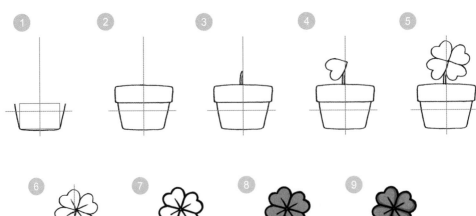

☆ 蒲公英 ☆

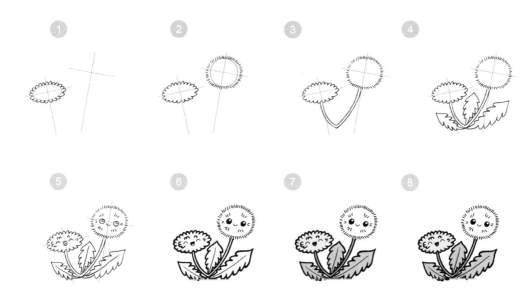

☆ 鈴蘭 ☆

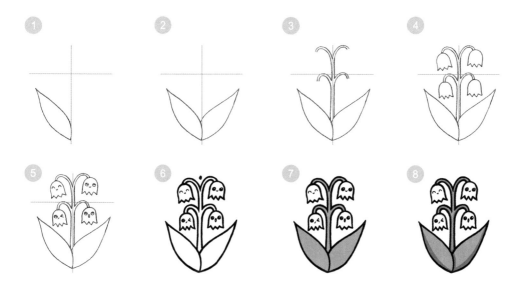

☆ 冬青 ☆

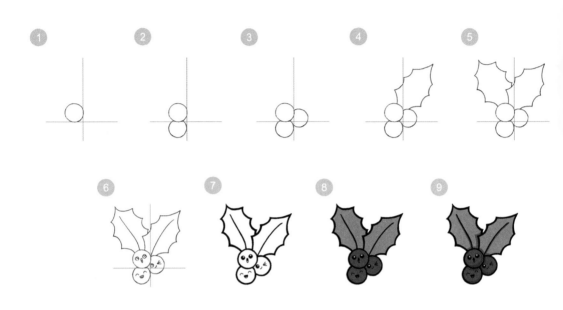

☆ 樹幹 ☆

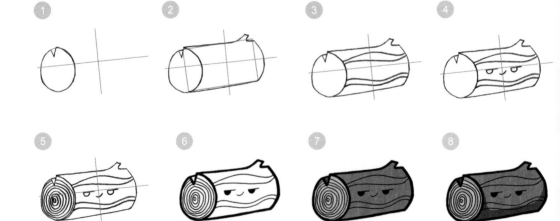

☆ 葉子 ☆

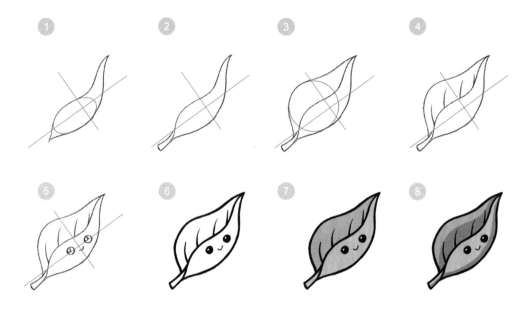

☆ 橡子 ☆

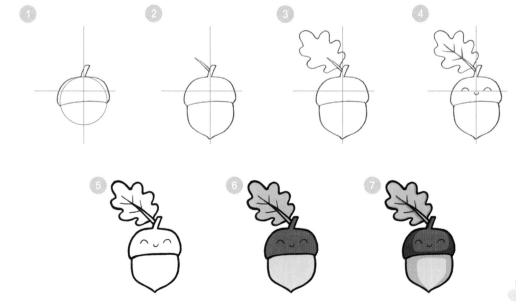

☆ 蘑菇 ☆

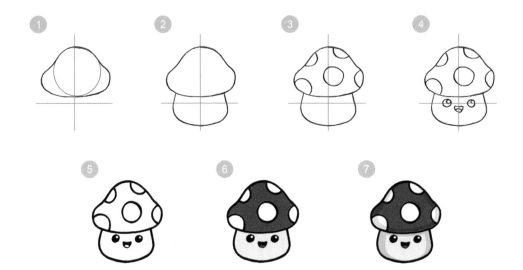

請你把喜歡的植物畫下來吧！

☆ 大蒜 ☆

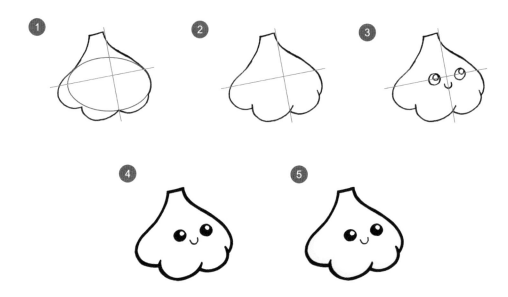

☆ 洋葱 ☆

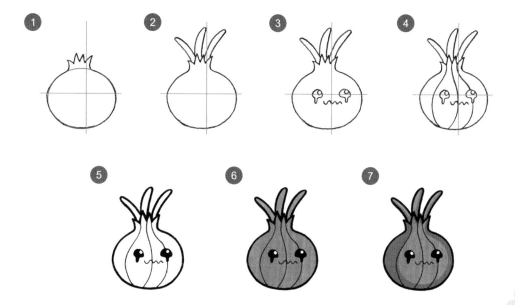

☆ 辣椒 ☆

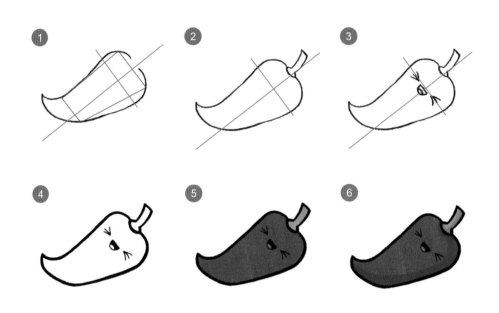

☆ 粟米 ☆

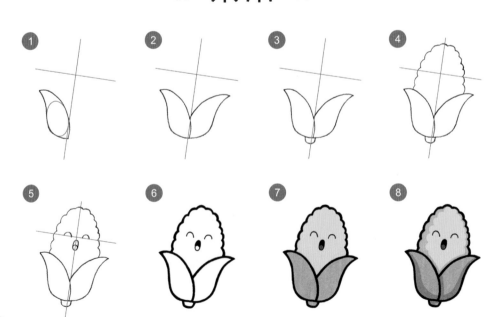

☆ 醃青瓜 ☆

 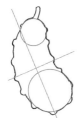  

☆ 小蘿蔔 ☆

☆ 紅菜頭 ☆

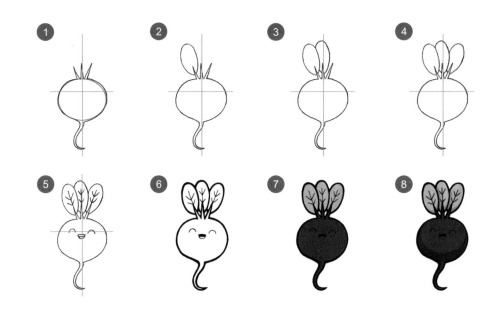

☆ 生菜 ☆

☆ 椰菜花 ☆

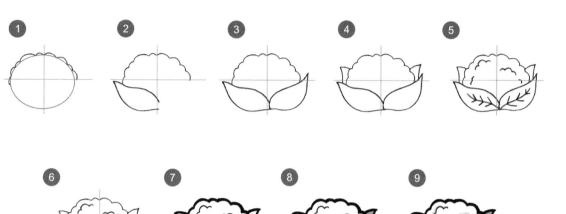

☆ 甜椒 ☆

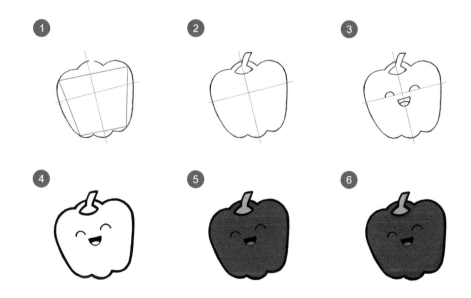

☆ 西蘭花 ☆

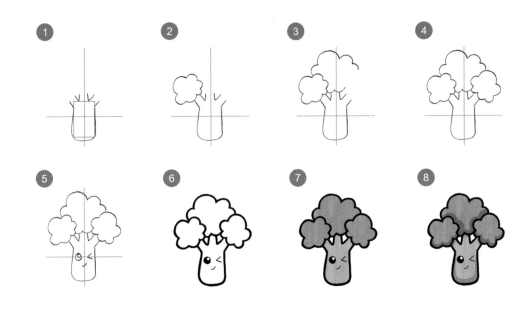

☆ 京葱 ☆

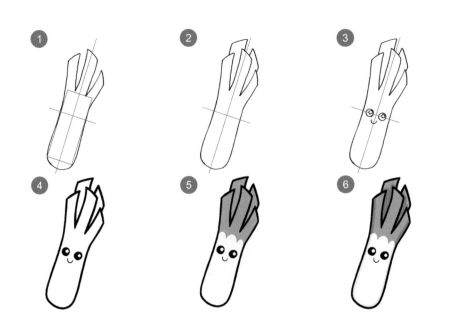

☆ 茄子 ☆

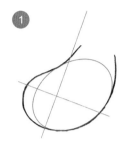

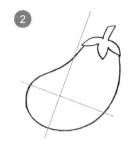

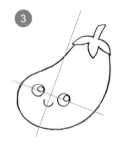

☆ 南瓜 ☆

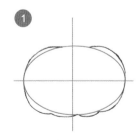

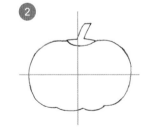

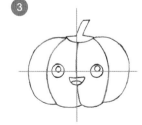

☆ 紅蘿蔔 ☆

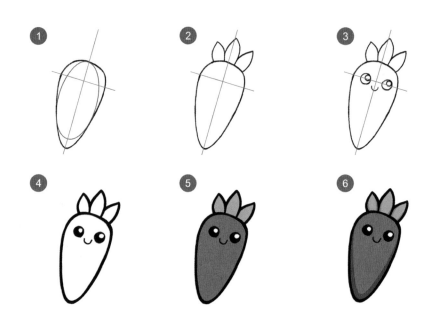

☆ 青豆 ☆

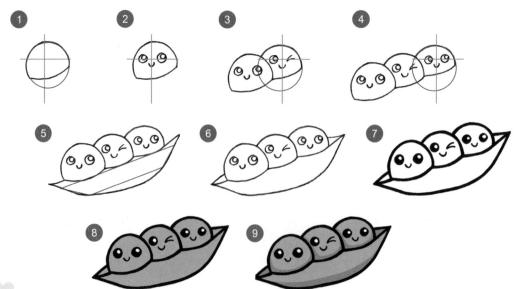

☆ 番茄 ☆

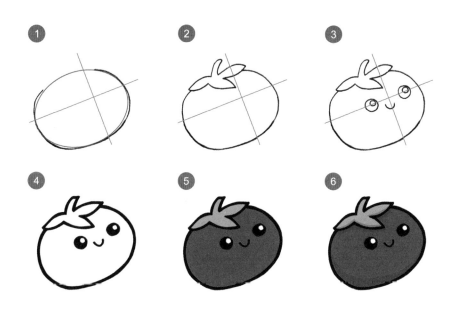

☆ 意大利餃子 ☆

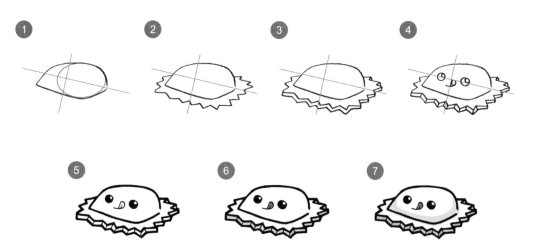

☆ 芝士 ☆

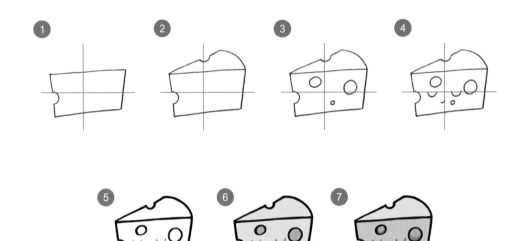

☆ 金文拔芝士 ☆

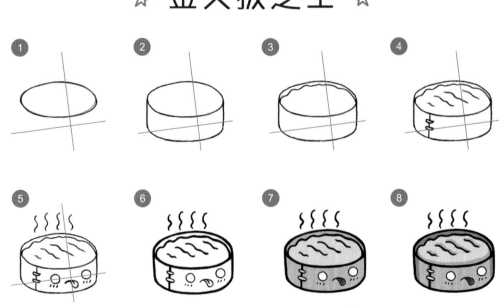

☆ 三文治 ☆

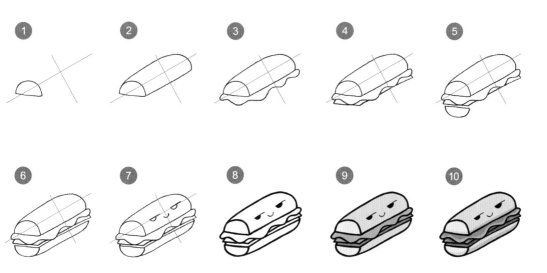

☆ 法式長棍麵包 ☆

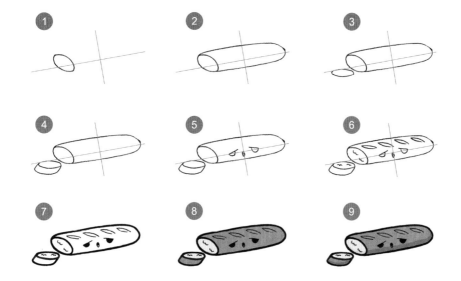

☆ 太陽蛋 ☆

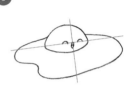

☆ 水煮蛋 ☆

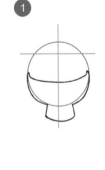
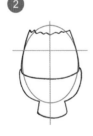

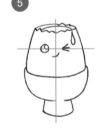

☆ 雞腿 ☆

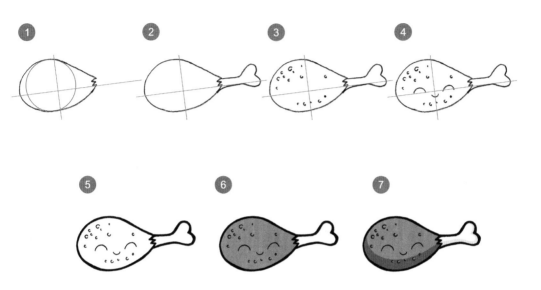

☆ 牛扒 ☆

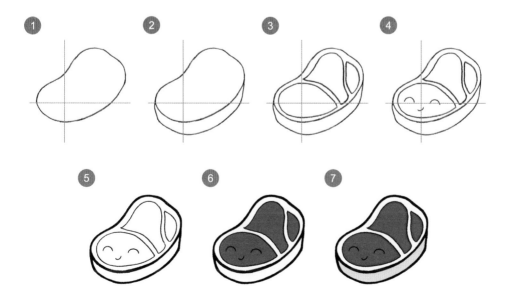

☆ 熱狗 ☆

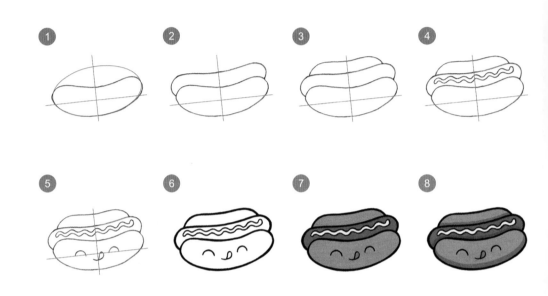

☆ 薄餅 ☆

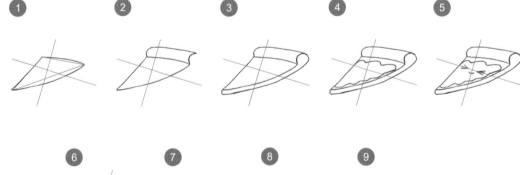

☆ 漢堡包 ☆

① 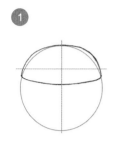 ②  ③ 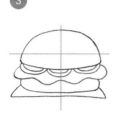 ④

⑤  ⑥  ⑦

☆ 薯條 ☆

①  ② 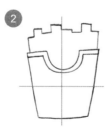 ③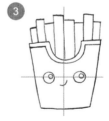

④  ⑤  ⑥

☆ 調味料 ☆

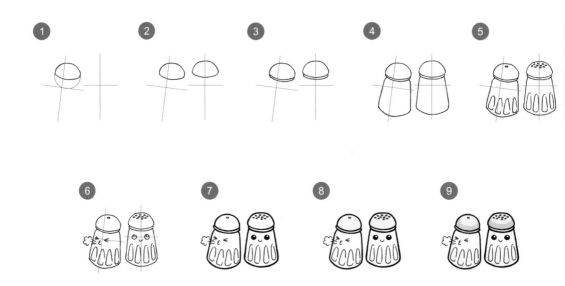

☆ 湯 ☆

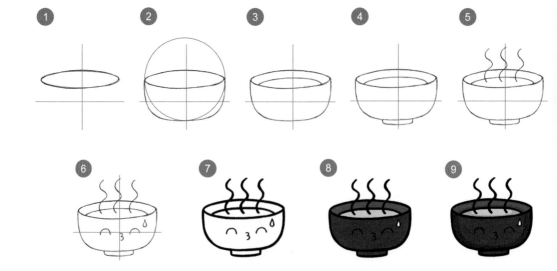

☆ 飯團 ☆

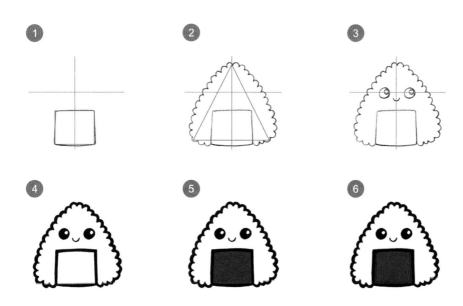

☆ 壽司 ☆

☆ 加州卷 ☆

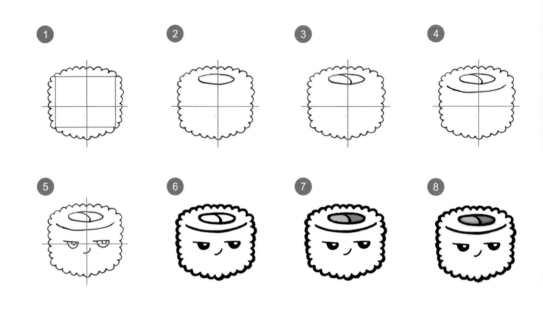

☆ 壽司卷 ☆

☆ 茶包 ☆

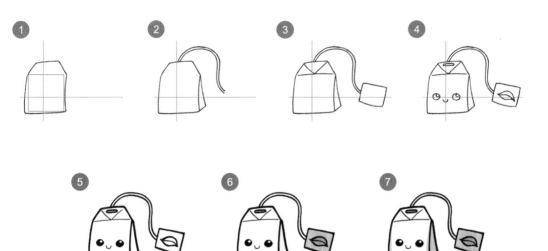

☆ 茶 ☆

☆ 茶壺 ☆

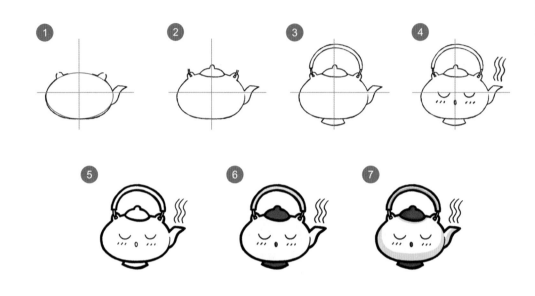

☆ 忌廉咖啡 ☆

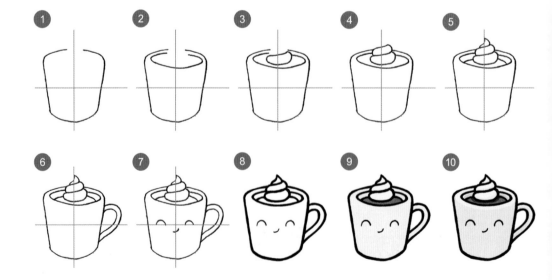

☆ 盒裝牛奶 ☆

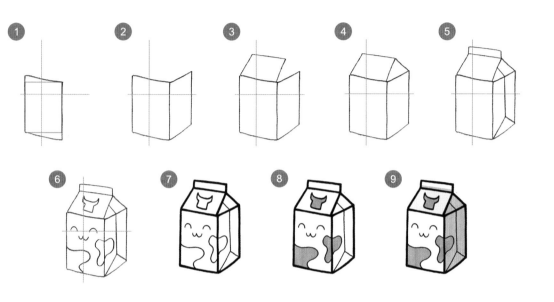

☆ 杯裝牛奶 ☆

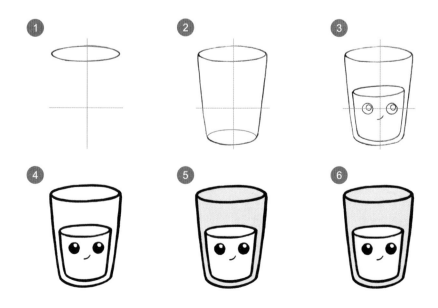

☆ 奶樽 ☆

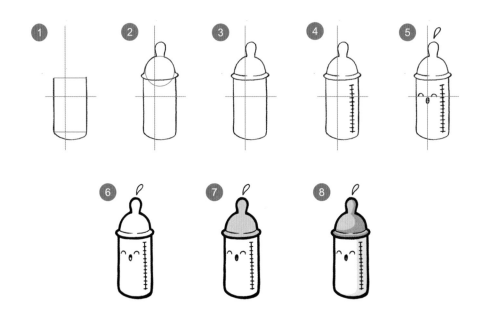

☆ 冰塊 ☆

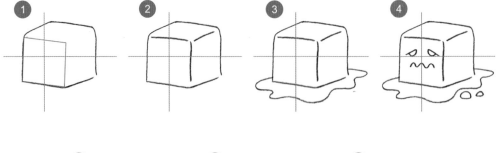

☆ 杯裝飲品 ☆

☆ 罐裝飲品 ☆

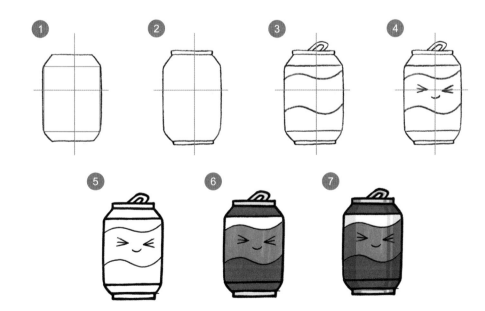

☆ 雞尾酒 ☆

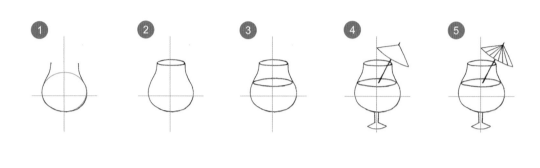

☆ 紙包果汁 ☆

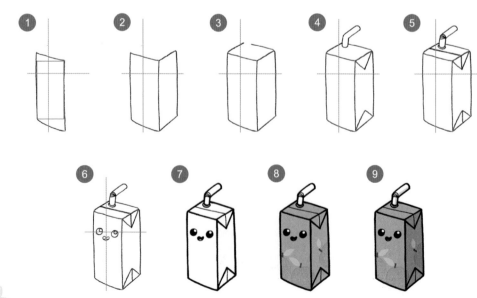

☆ 橙汁 ☆

☆ 柑橘 ☆

☆ 檸檬 ☆

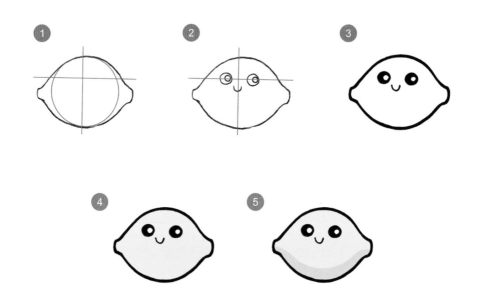

☆ 牛油果 ☆

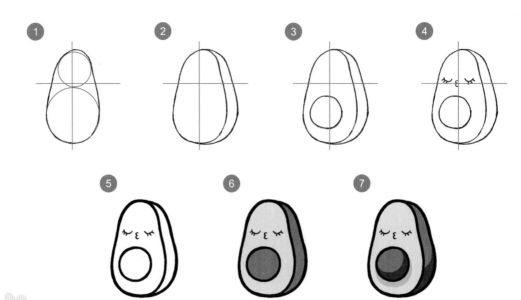

☆ 西柚 ☆

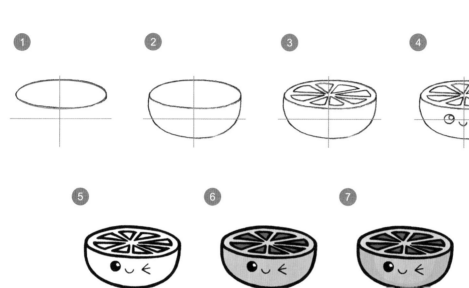

☆ 菠蘿 ☆

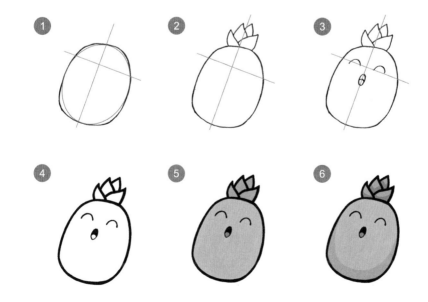

☆ 西瓜 ☆

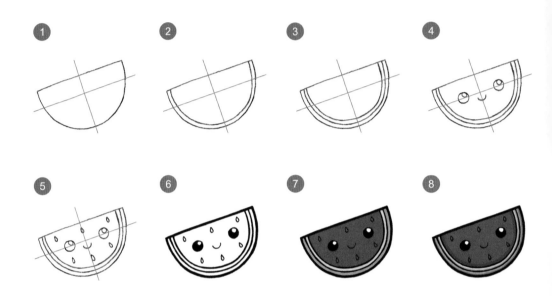

☆ 香蕉 ☆

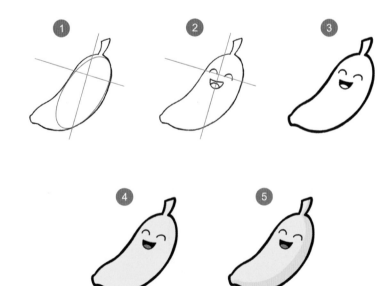

☆ 蘋果 ☆

①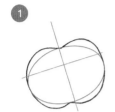

②

③

④

⑤

⑥

☆ 梨 ☆

①

②

③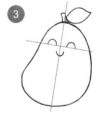

④

⑤

⑥

☆ 櫻桃 ☆

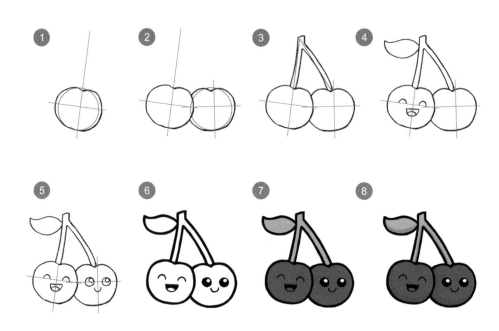

☆ 紅莓 ☆

☆ 草莓 ☆

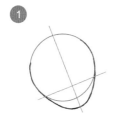

☆ 乳酪 ☆

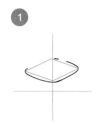

☆ 果醬 ☆

☆ 方包 ☆

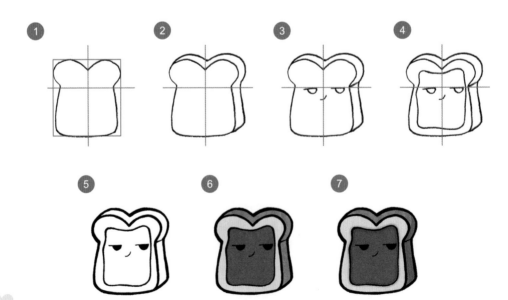

☆ 榛子醬 ☆

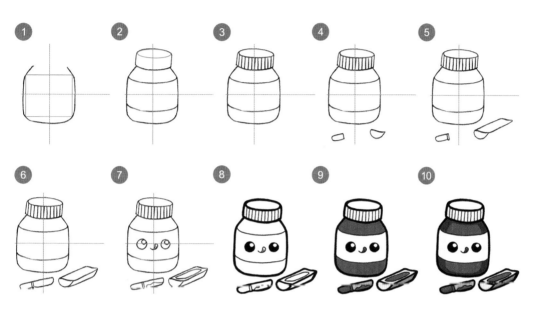

☆ 朱古力 ☆

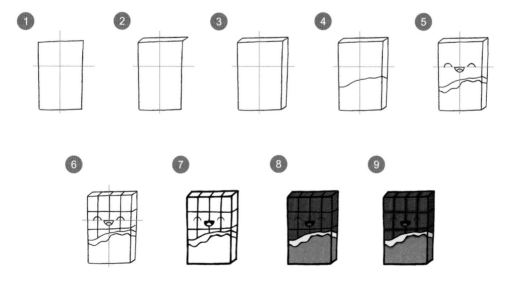

☆ 鬆餅 ☆

☆ 紙杯蛋糕 ☆

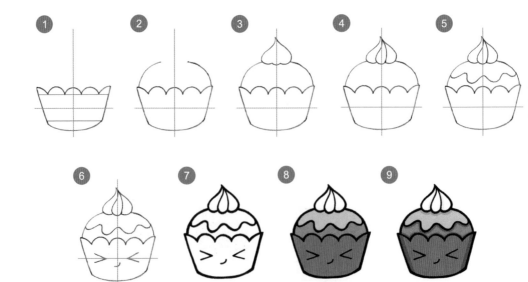

☆ 蛋糕 ☆

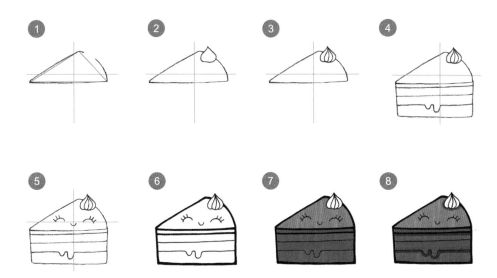

☆ 彩虹蛋糕 ☆

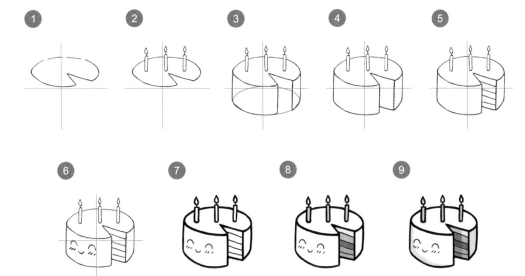

☆ 布丁 ☆

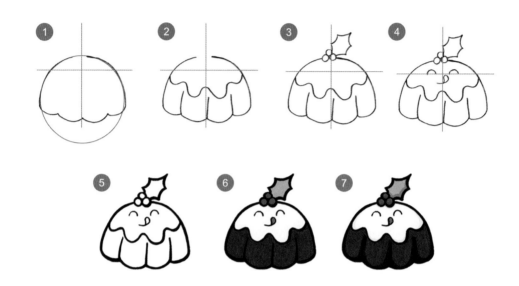

☆ 薑餅人 ☆

☆ 曲奇餅 ☆

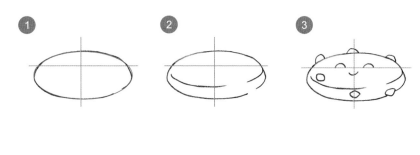

☆ 熱香餅 ☆

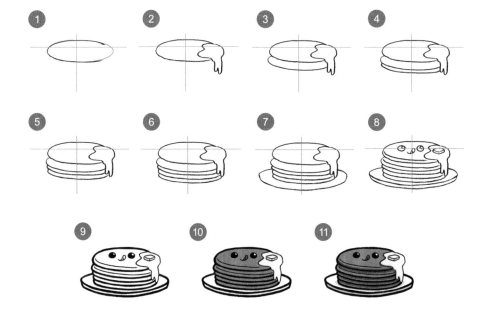

☆ 牛角包 ☆

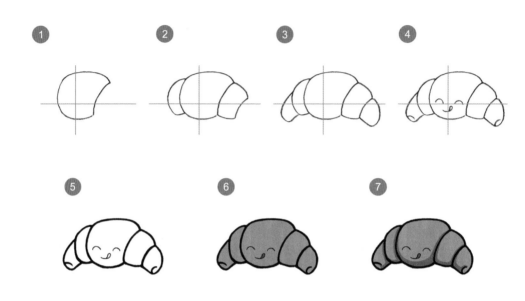

☆ 朱古力麵包 ☆

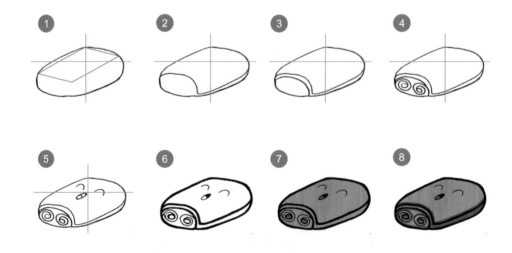

☆ 法式泡芙 ☆

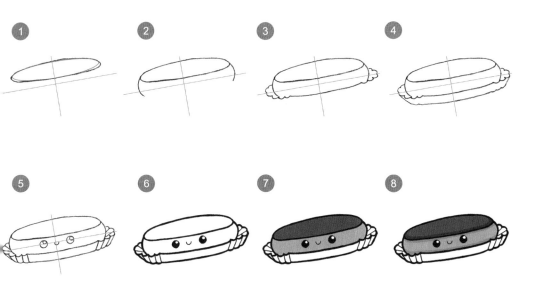

☆ 朱古力泡芙 ☆

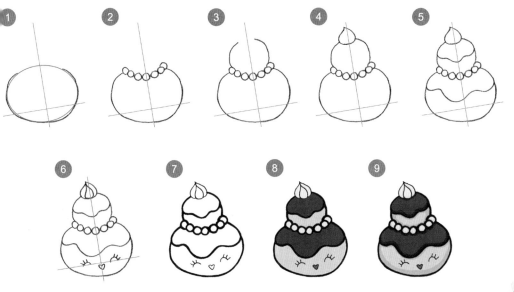

☆ 馬卡龍 ☆

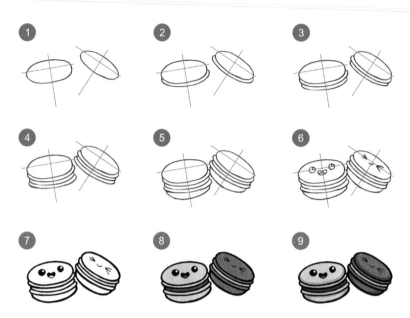

☆ 甜甜圈 ☆

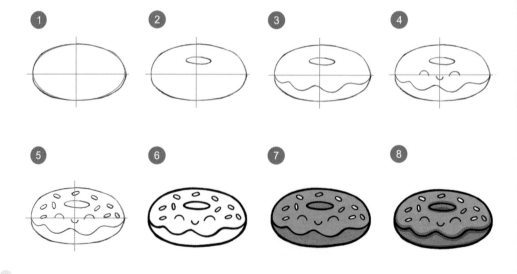

☆ 棉花糖 ☆

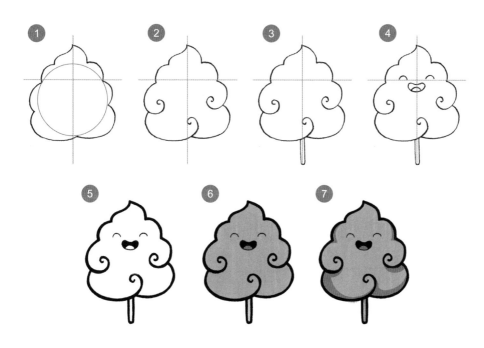

☆ 蘋果糖 ☆

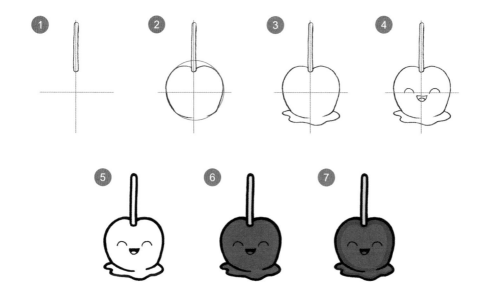

☆ 爆谷 ☆

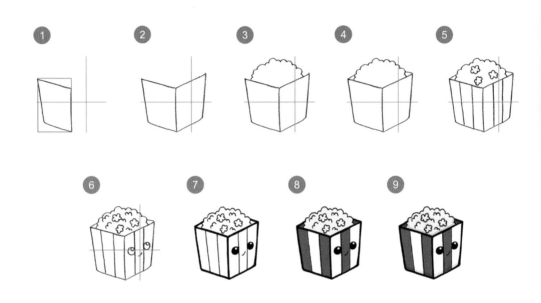

☆ 士的糖 ☆

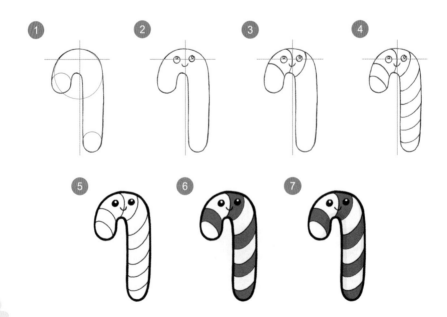

☆ 棒棒糖 ☆

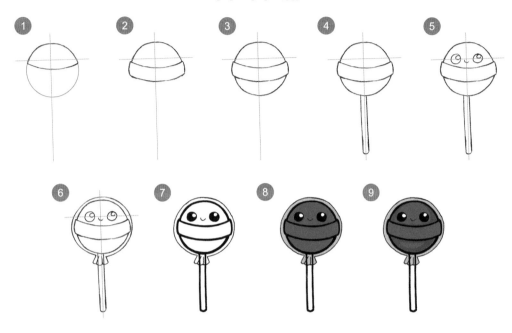

☆ 糖果 ☆

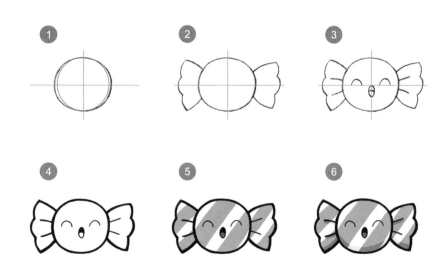

☆ 復活節彩蛋籃 ☆

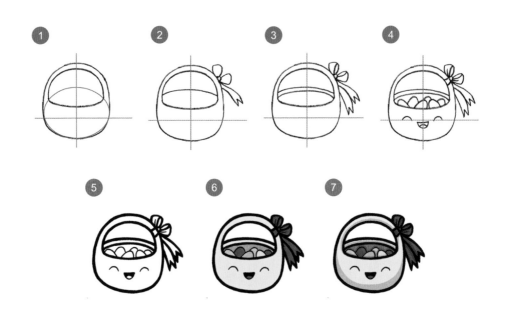

☆ 朱古力復活蛋 ☆

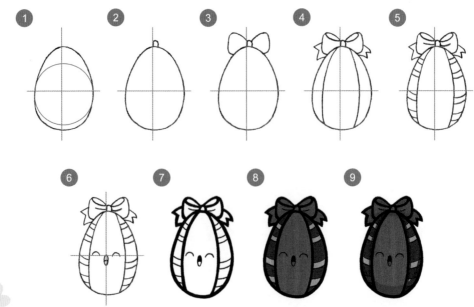

☆ 燒棉花糖 ☆

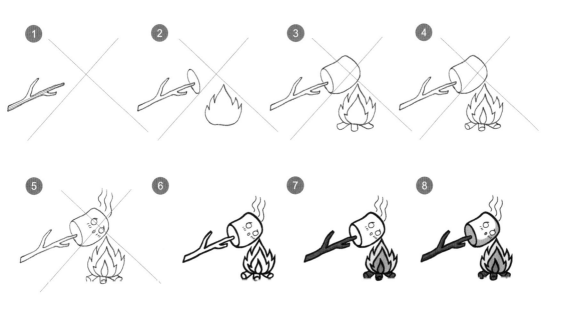

☆ 雪糕 ☆

☆ 新地 ☆

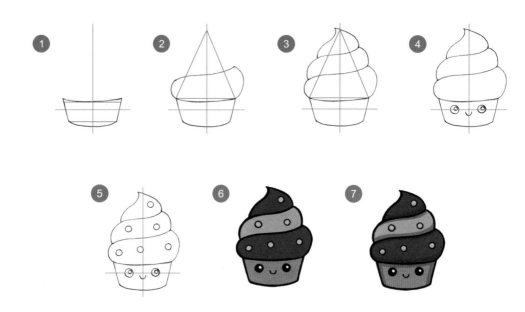

☆ 意大利雪糕 ☆

☆ 果汁雪條 ☆

 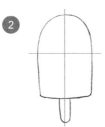 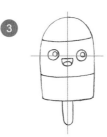

☆ 朱古力雪條 ☆

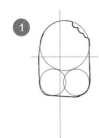 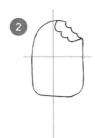  

☆ 雪櫃 ☆

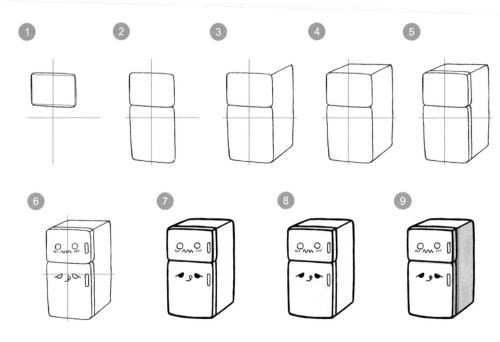

☆ 微波爐 ☆

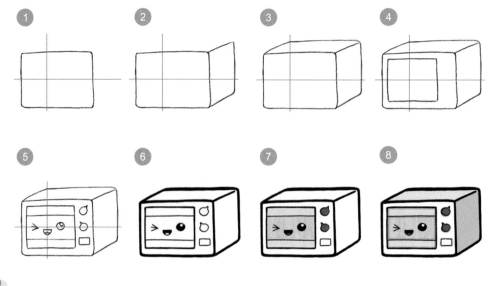

☆ 多士爐 ☆

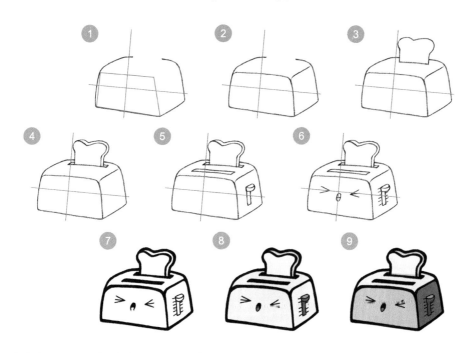

☆ 熱水壺 ☆

☆ 雙耳鍋 ☆

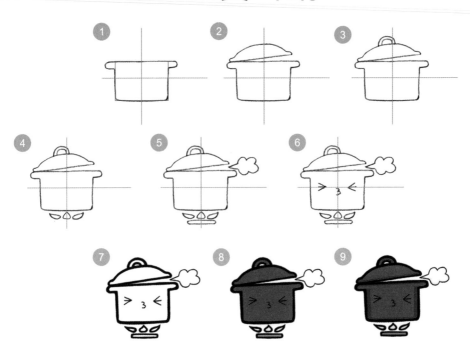

☆ 煲 ☆

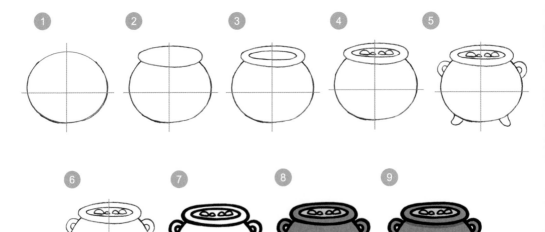

☆ 單柄鍋 ☆

☆ 湯勺 ☆

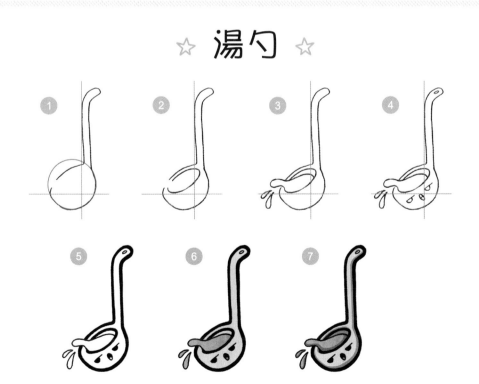

☆ 打蛋器和碗 ☆

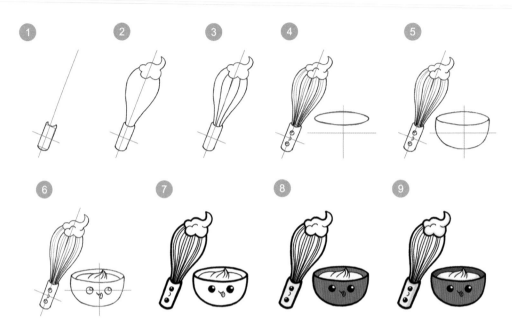

☆ 麵粉棍 ☆

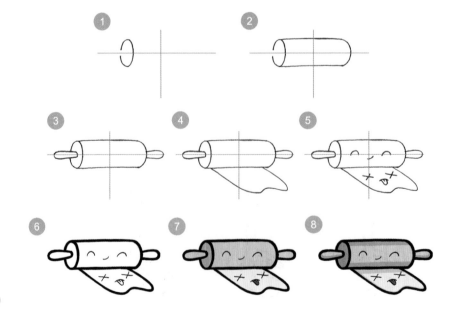

☆ 菜刀 ☆

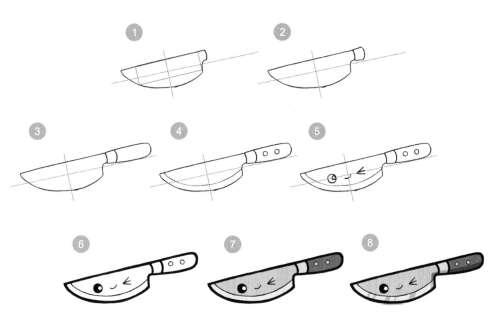

☆ 刀叉 ☆

☆ 購物袋 ☆

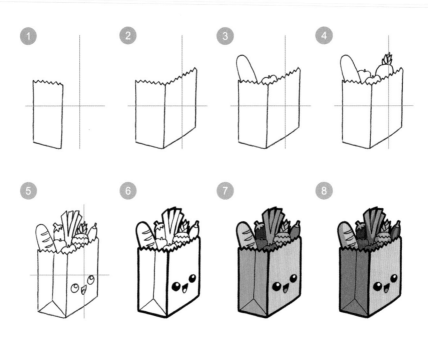

☆ 垃圾桶 ☆

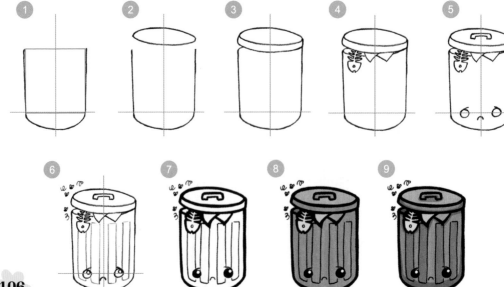

☆ 瓶子 ☆

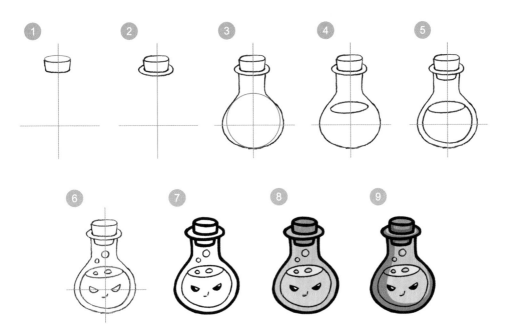

☆ 牙齒 ☆

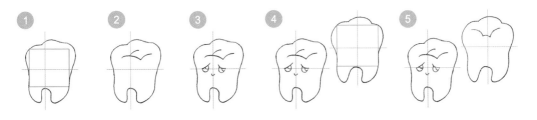

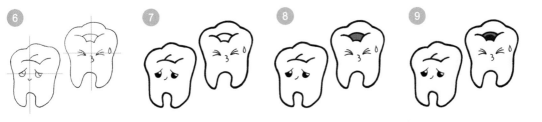

☆ 牙刷 ☆

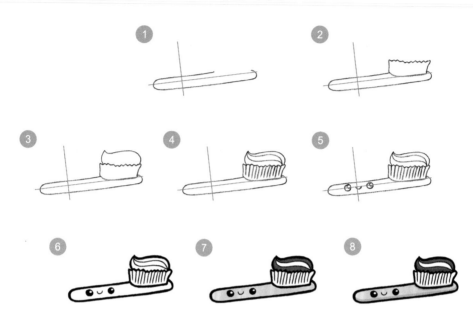

☆ 牙膏 ☆

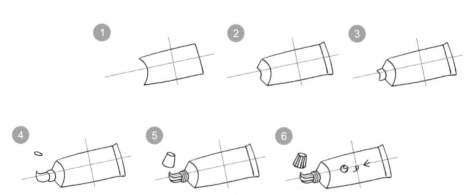

☆ 膠布 ☆

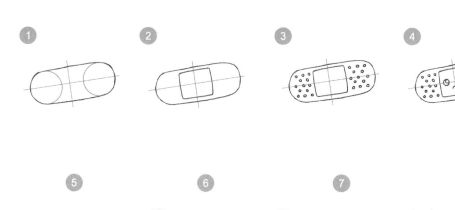

☆ 温度計 ☆

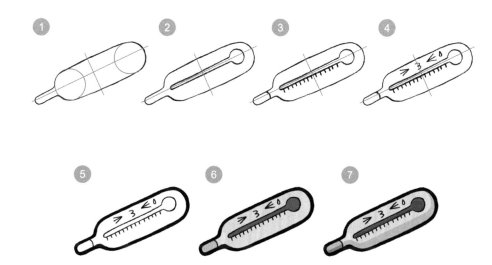

☆ 大便和廁紙 ☆

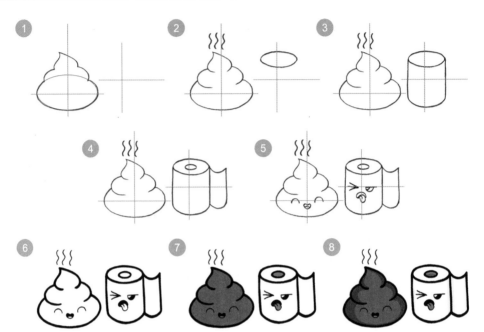

☆ 面紙 ☆

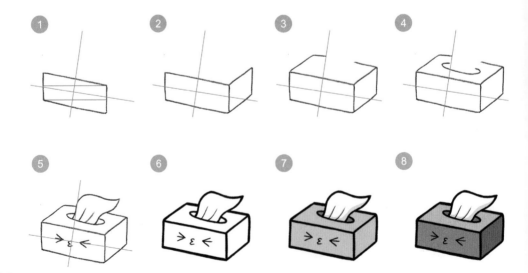

☆ 肥皂 ☆

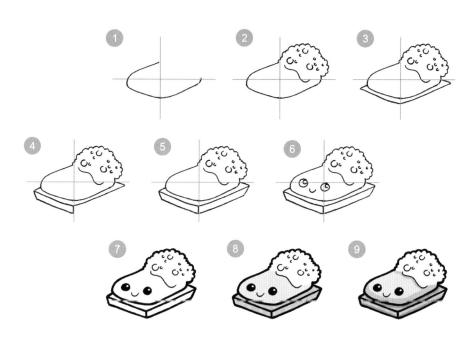

☆ 浴缸 ☆

☆ 香水 ☆

☆ 唇膏 ☆

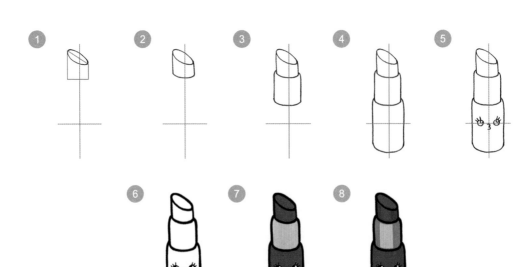

☆ 指甲油 ☆

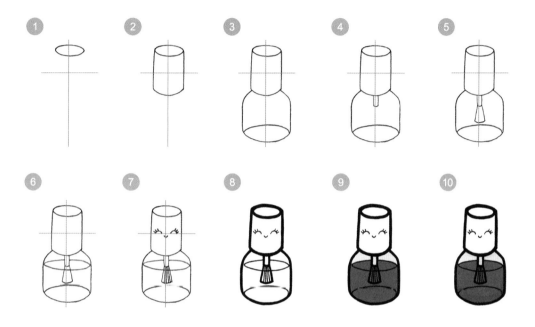

☆ 眼影 ☆

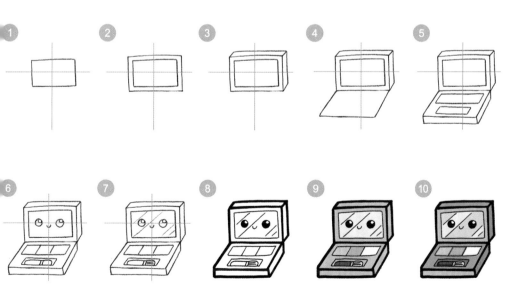

☆ 梳子 ☆

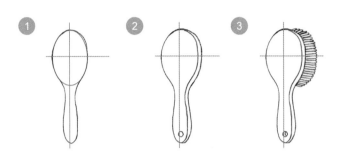

  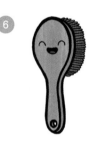 

☆ 風筒 ☆

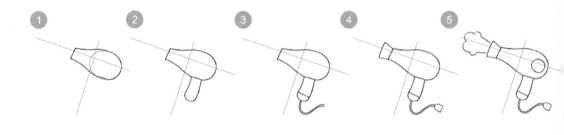

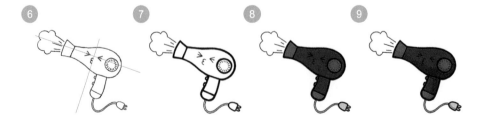

☆ 洗衣機 ☆

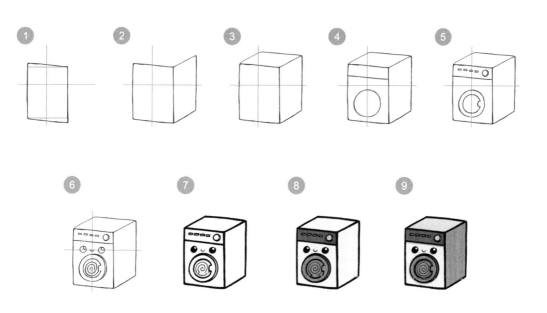

☆ 熨斗 ☆

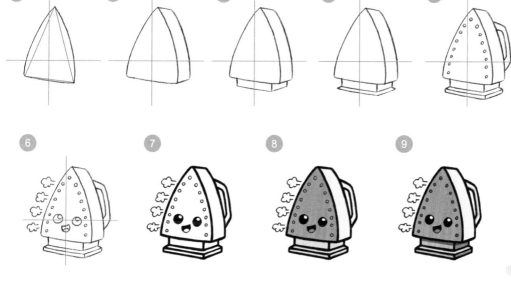

☆ 吸塵機 ☆

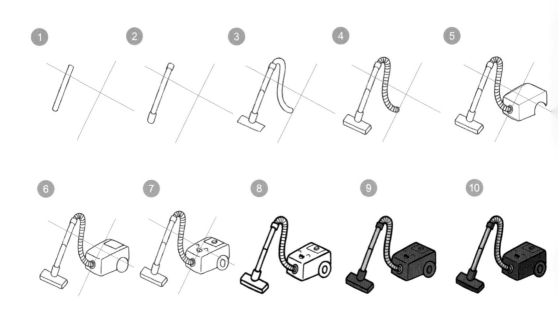

☆ 枱燈 ☆

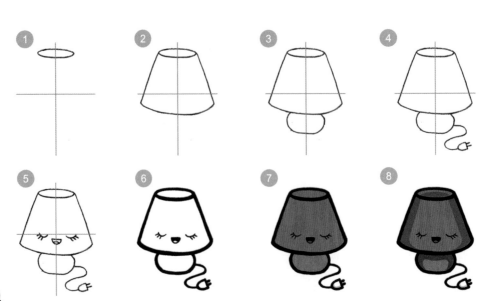

☆ 鬧鐘 ☆

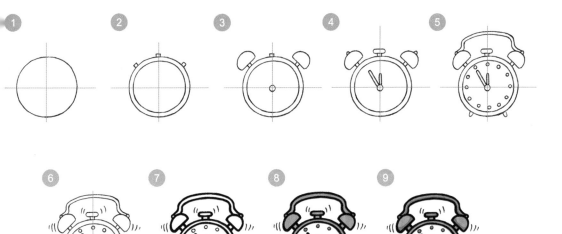

☆ 牀 ☆

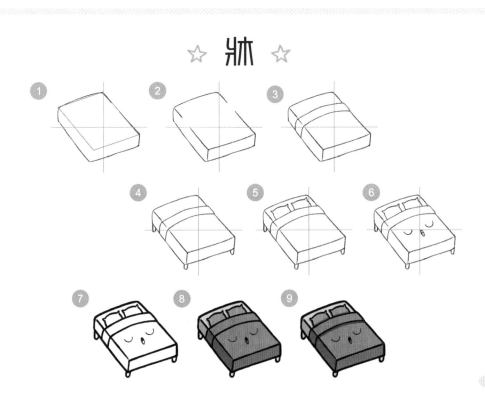

☆ 沙發 ☆

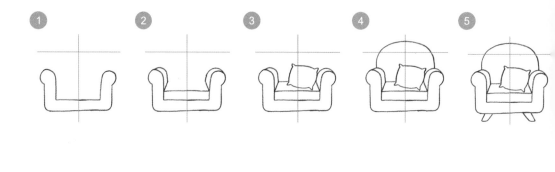

☆ 辦公椅 ☆

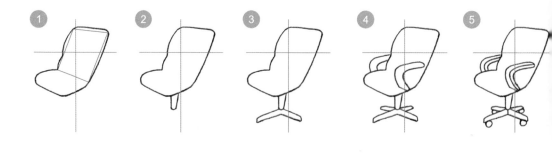

☆ 椅子 ☆

☆ 衣櫃 ☆

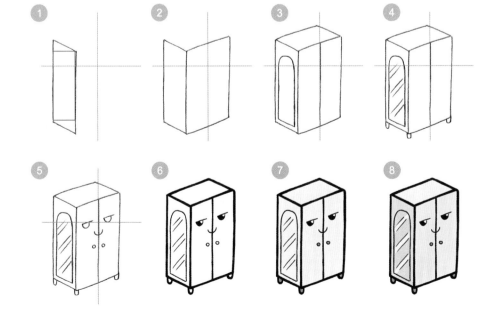

119

☆ 寶箱 ☆

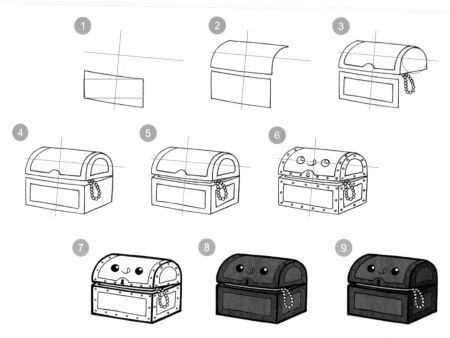

☆ 紙箱 ☆

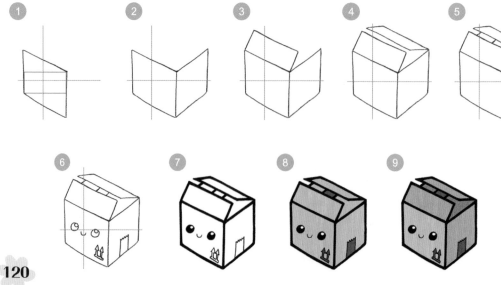

☆ 水桶 ☆

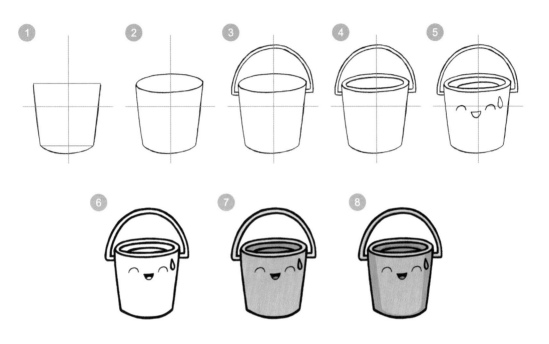

☆ 澆水壺 ☆

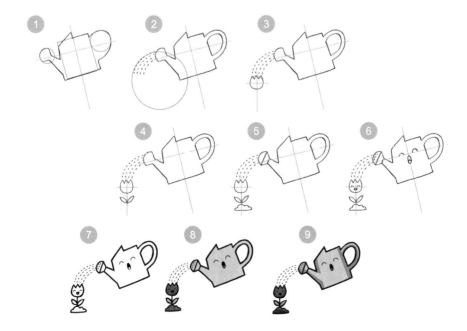

121

☆ 園藝工具 ☆

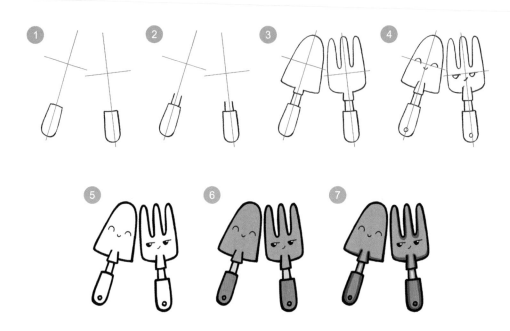

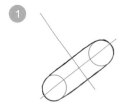

☆ 瑞士軍刀 ☆

☆ 鐵鎚 ☆

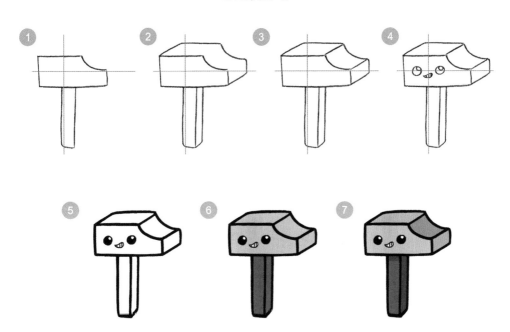

☆ 士巴拿 ☆

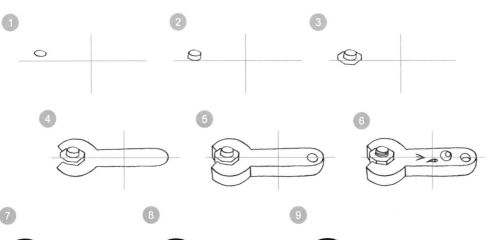

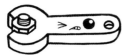

☆ 螺絲批 ☆

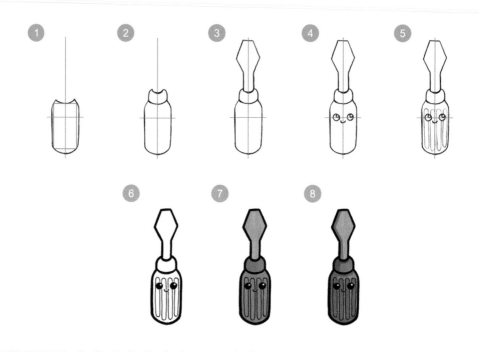

☆ 螺絲 ☆

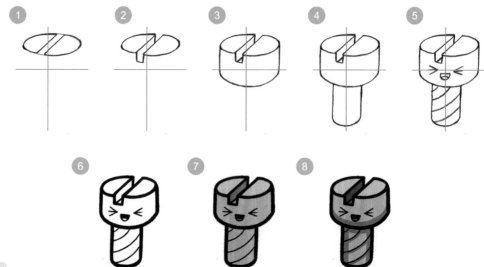

☆ 油漆 ☆

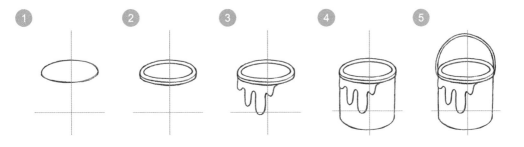

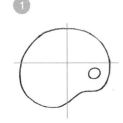

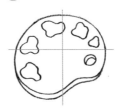

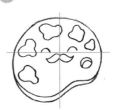

☆ 調色板 ☆

☆ 畫筆 ☆

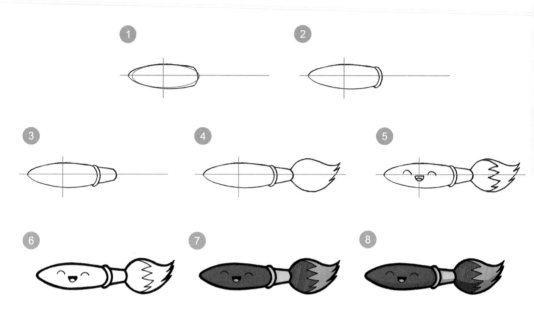

☆ 鉛筆 ☆

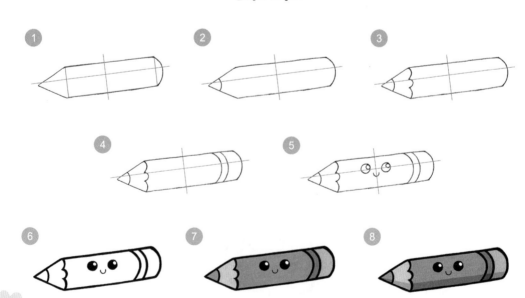

☆ 鉛筆刨 ☆

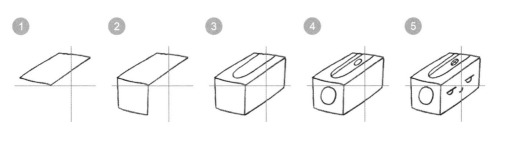

☆ 筆袋 ☆

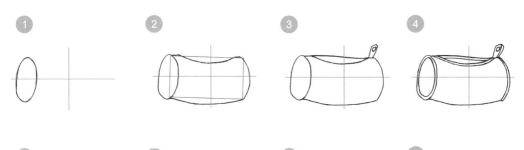

☆ 橡皮和紙 ☆

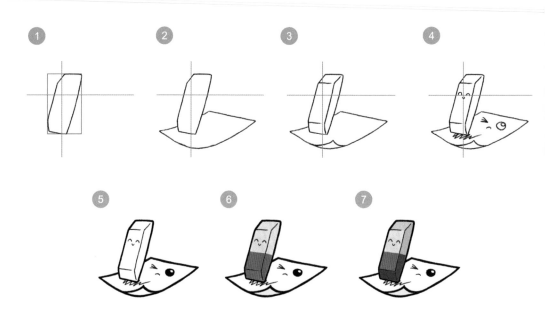

☆ 剪刀 ☆

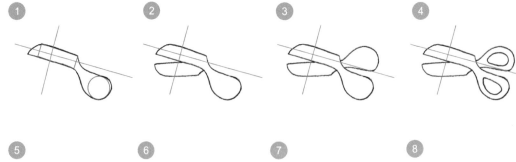

☆ 膠紙 ☆

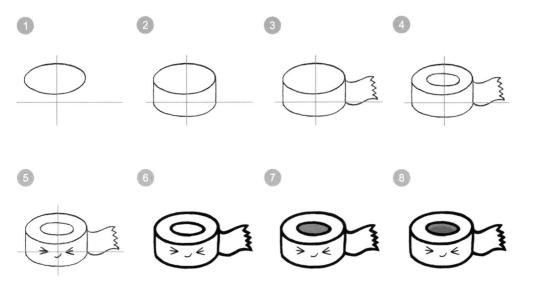

☆ 電池 ☆

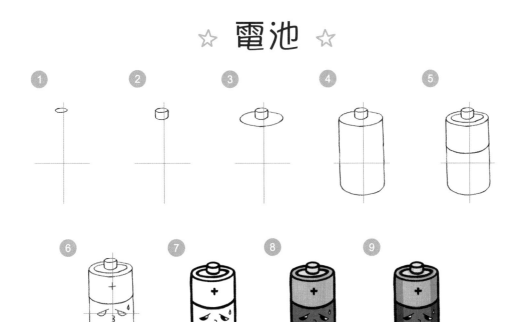

☆ 電筒 ☆

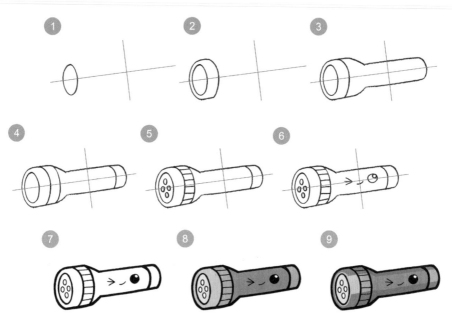

☆ 燈泡 ☆

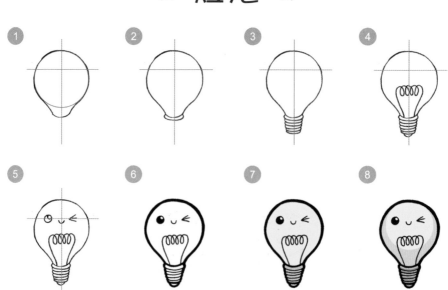

☆ 火柴 ☆

  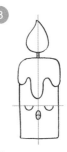

☆ 蠟燭 ☆

☆ 雪花水晶球 ☆

☆ 禮物 ☆

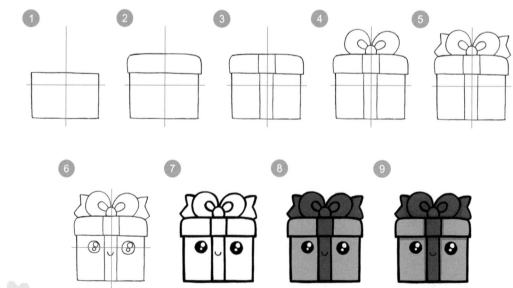

☆ 聖誕掛飾 ☆

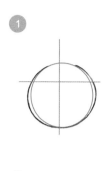
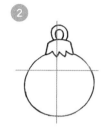
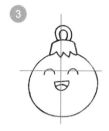

☆ 聖誕樹 ☆

☆ 鈴鐺 ☆

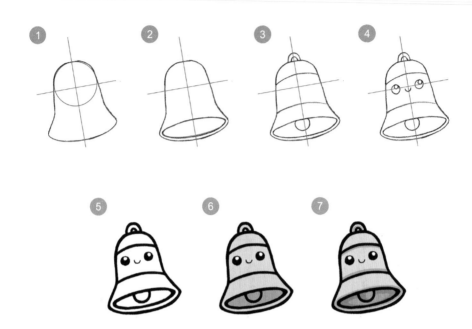

☆ 音符 ☆

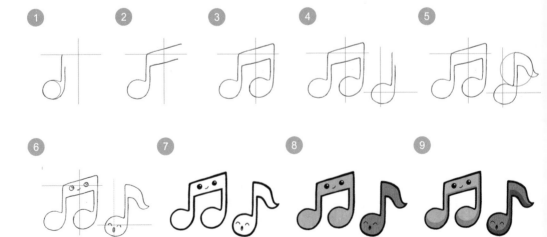

☆ 小號 ☆

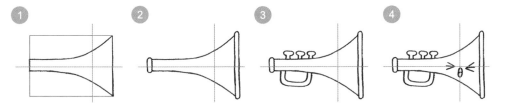

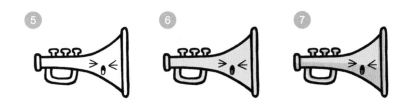

☆ 手風琴 ☆

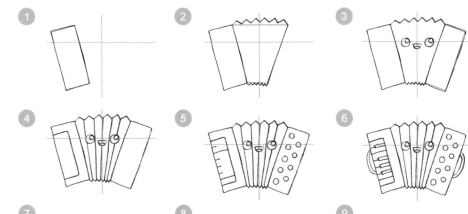

☆ 鼓 ☆

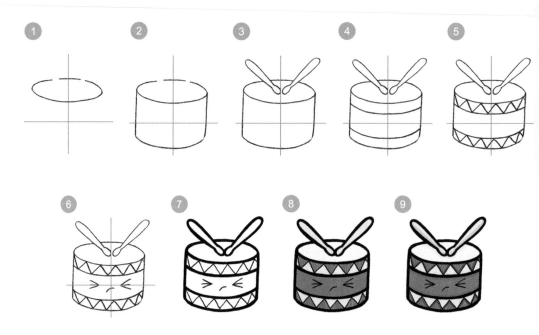

☆ 砂槌 ☆

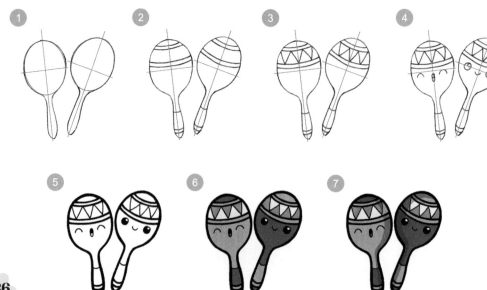

☆ 鋼琴 ☆

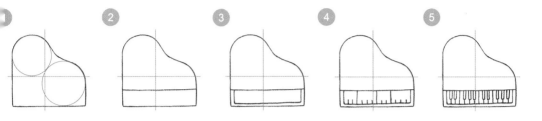

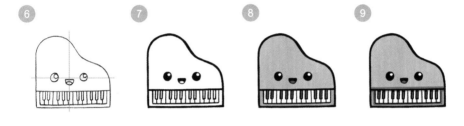

☆ 小提琴 ☆

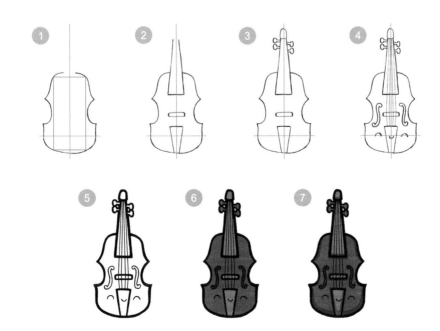

☆ 電結他 ☆

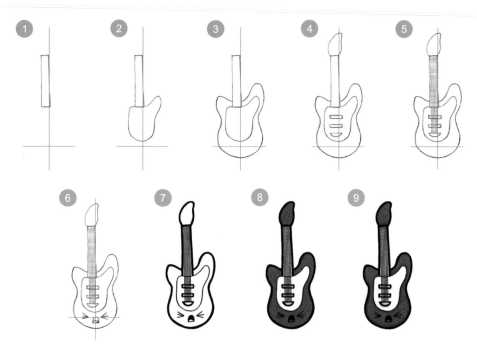

☆ 古典結他 ☆

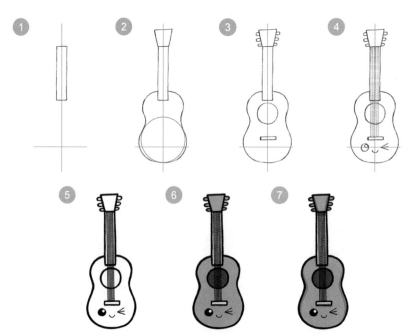

☆ 色士風 ☆

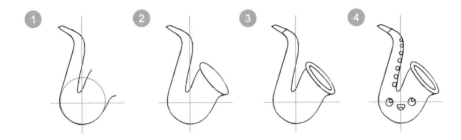

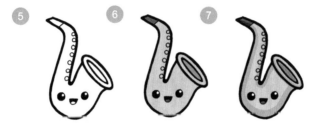

☆ 口琴 ☆

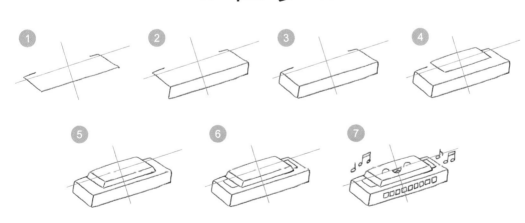

☆ 音樂盒 ☆

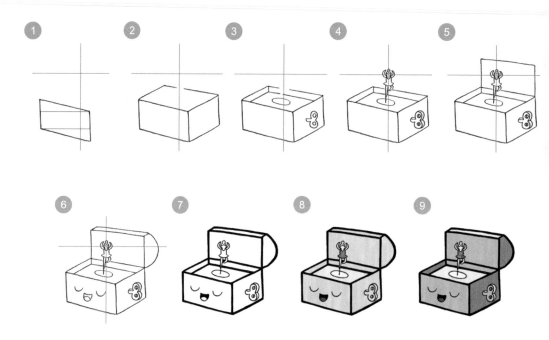

☆ 麥克風 ☆

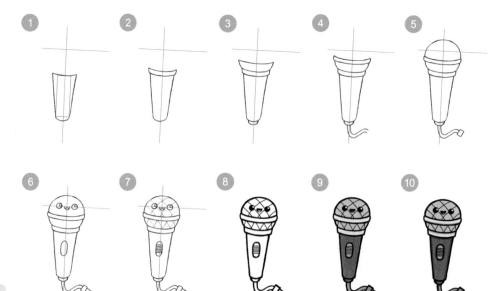

☆ USB隨身碟 ☆

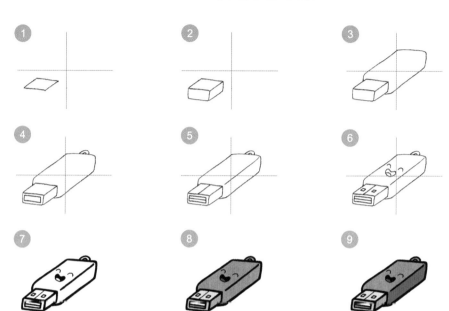

☆ 手提電腦 ☆

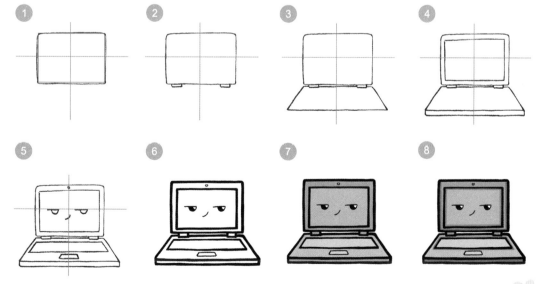

☆ 智能電話 ☆

☆ 相機 ☆

☆ 籃球 ☆

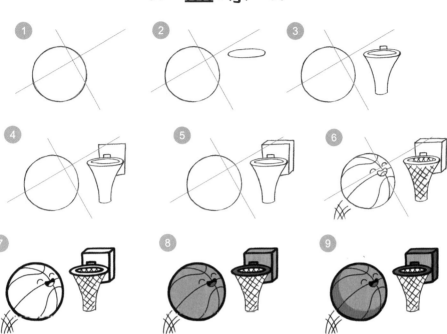

☆ 保齡球 ☆

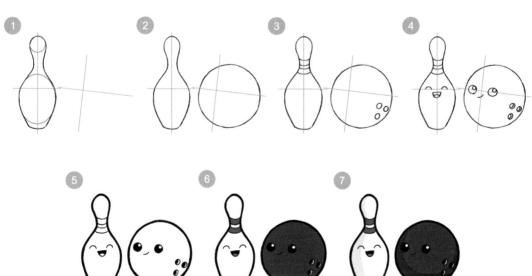

☆ 乒乓球 ☆

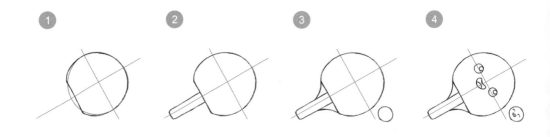

☆ 滑板 ☆

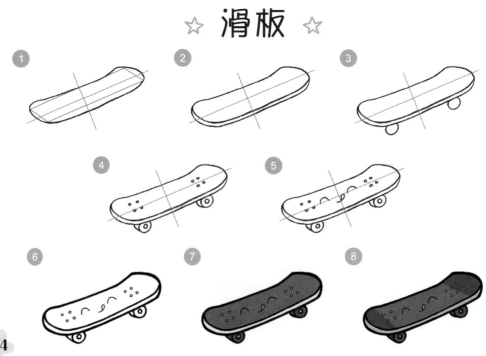

☆ 氣球 ☆

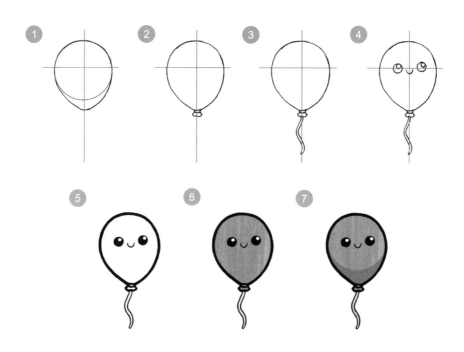

☆ 皇冠 ☆

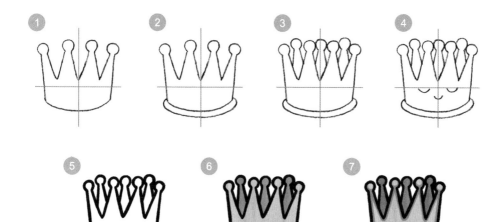

☆ 信件 ☆

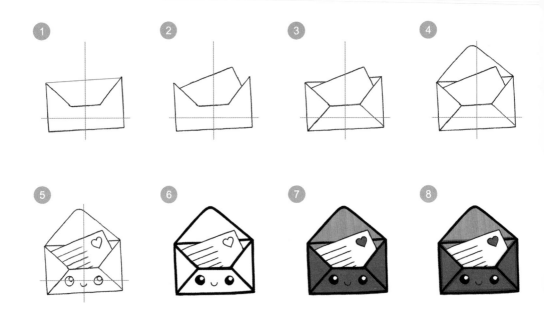

☆ 圖書 ☆

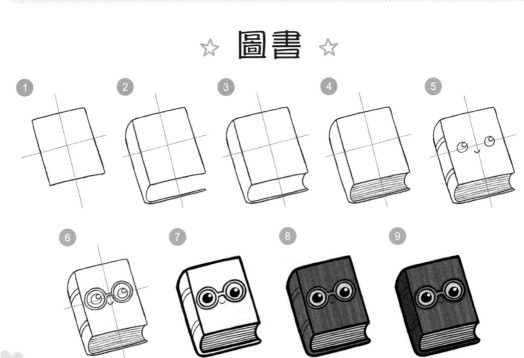

☆ 鑰匙 ☆

☆ 鑽石 ☆

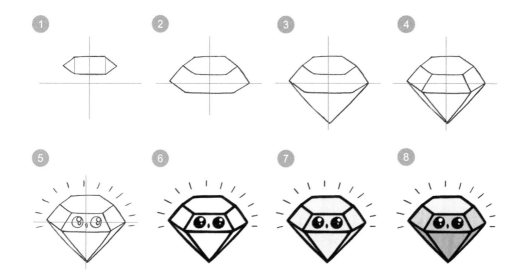

☆ 計算機 ☆

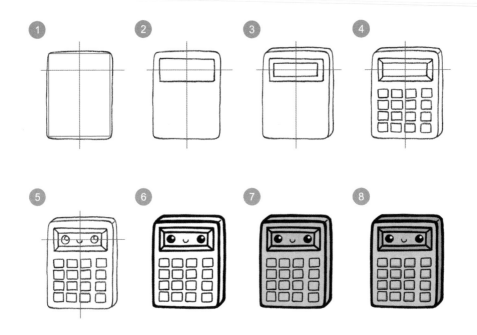

☆ 紙幣 ☆

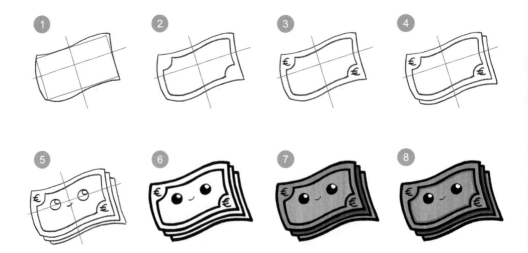

☆ 零錢包 ☆

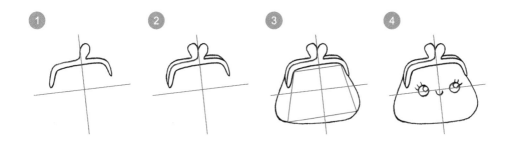

☆ 背包 ☆

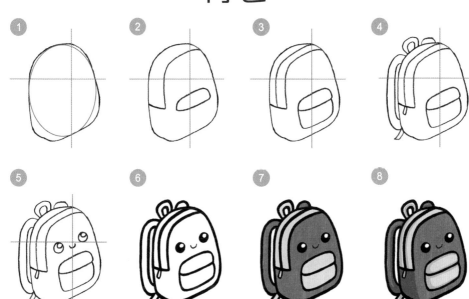

☆ 行李箱 ☆

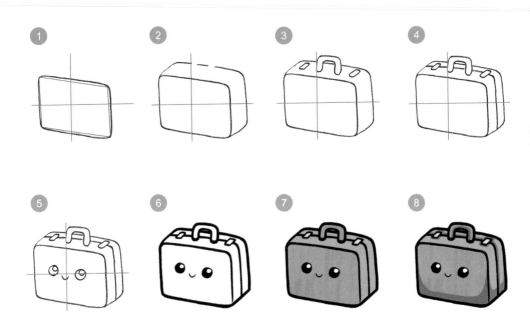

☆ 太陽帽 ☆

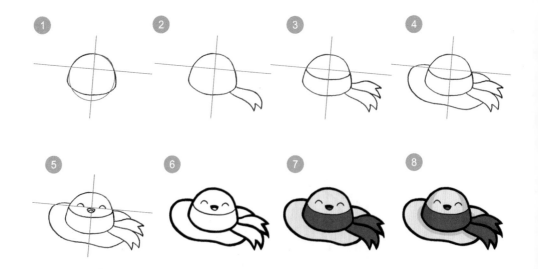

☆ 棒球帽 ☆

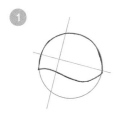   

☆ 人字拖 ☆

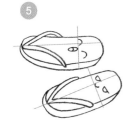  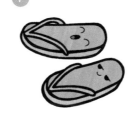 

☆ 衣架和衣服 ☆

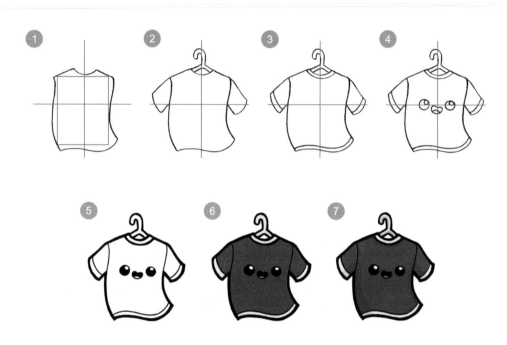

☆ 拖鞋 ☆

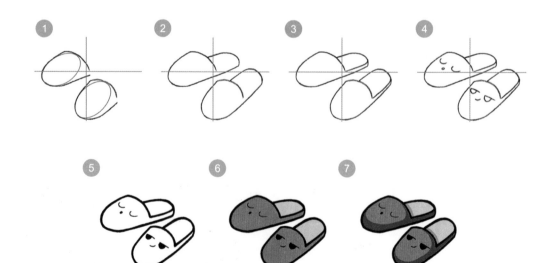

☆ 摺扇 ☆

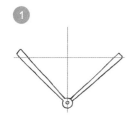

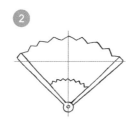

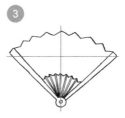

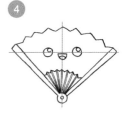

☆ 雨傘 ☆

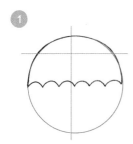

153

☆ 連指手套 ☆

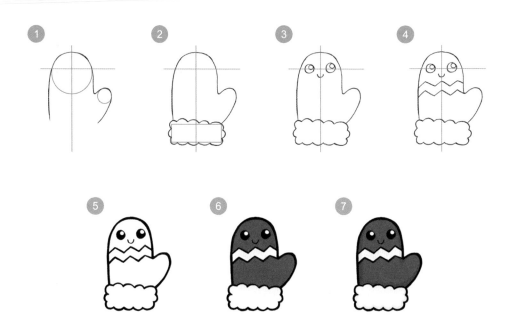

☆ 襪子 ☆

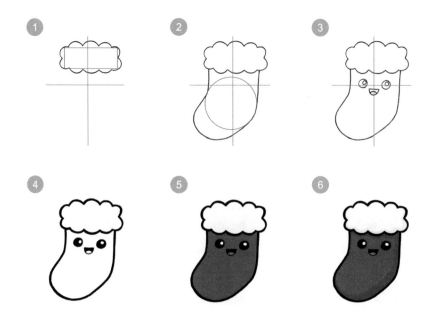

☆ 聖誕老人 ☆

☆ 聖誕老婆婆 ☆

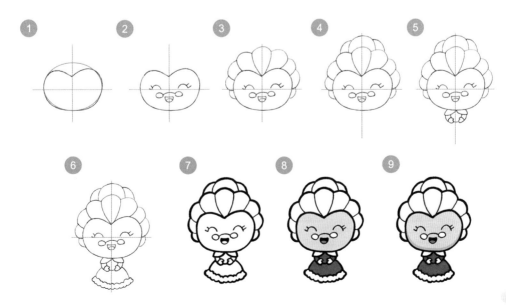

☆ 雪人 ☆

☆ 精靈 ☆

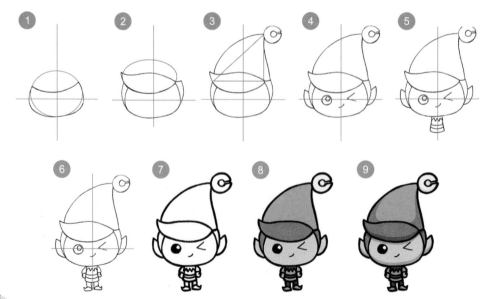

☆ 天使 ☆

☆ 魔鬼 ☆

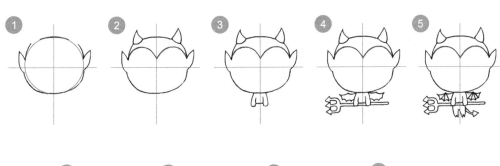

☆ 骷髏骨 ☆

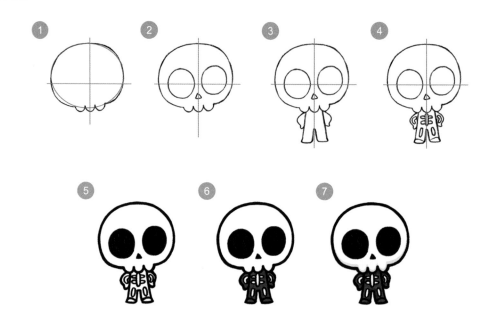

☆ 吸血殭屍 ☆

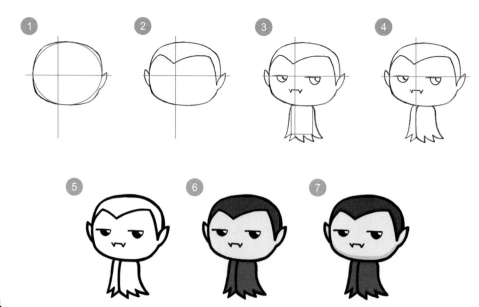

☆ 女巫 ☆

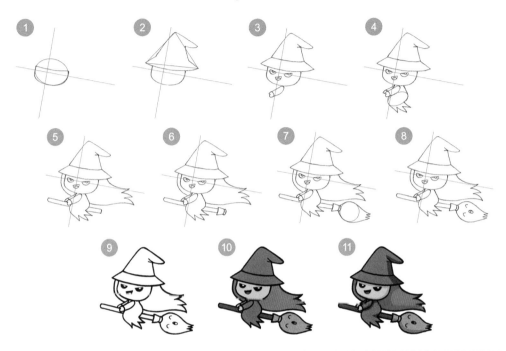

☆ 幽靈 ☆

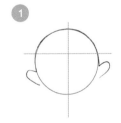

☆ 布偶 ☆

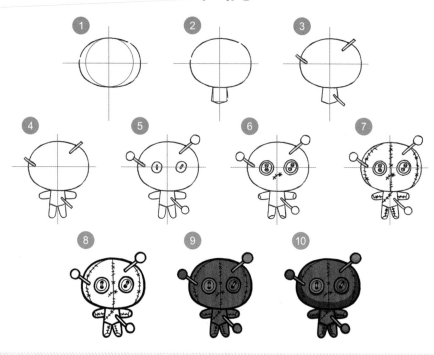

☆ 稻草人 ☆

☆ 騎士 ☆

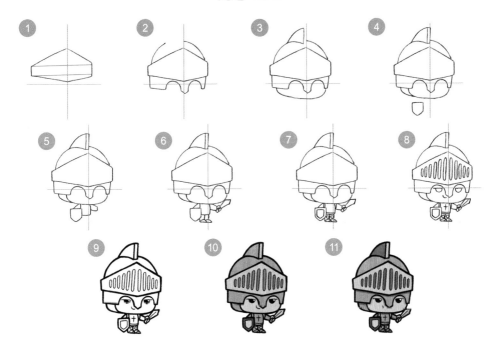

☆ 公主 ☆

☆ 海盜 ☆

☆ 魔法師 ☆

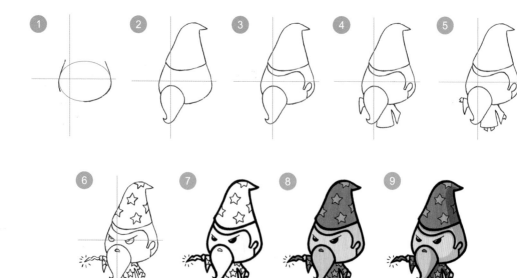

☆ 美人魚 ☆

☆ 仙女 ☆

☆ 神燈 ☆

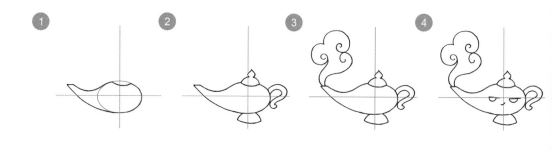

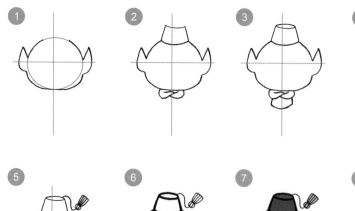

☆ 燈神 ☆

☆ 探險家 ☆

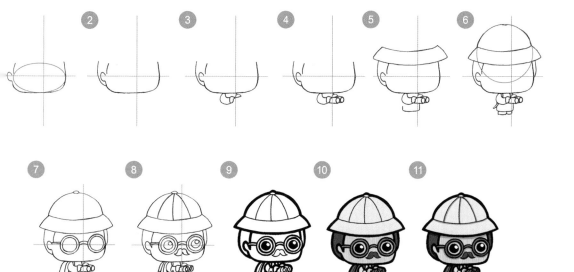

☆ 木乃伊 ☆

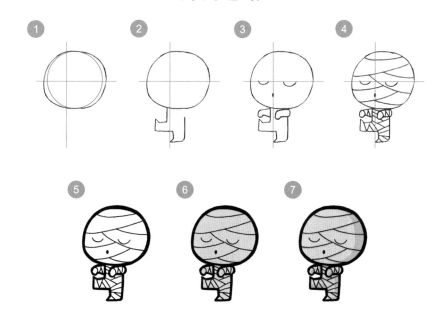

☆ 法老王 ☆

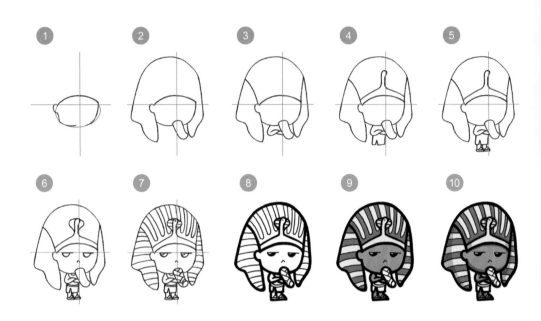

☆ 埃及豔后 ☆

☆ 粉紅髮日本娃娃 ☆

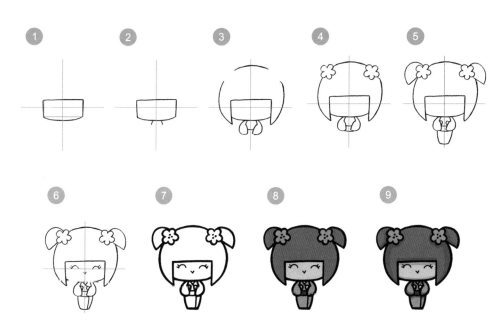

☆ 藍髮日本娃娃 ☆

☆ 紅髮日本娃娃 ☆

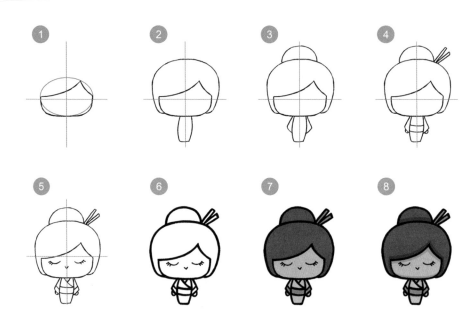

☆ 黑髮日本娃娃 ☆

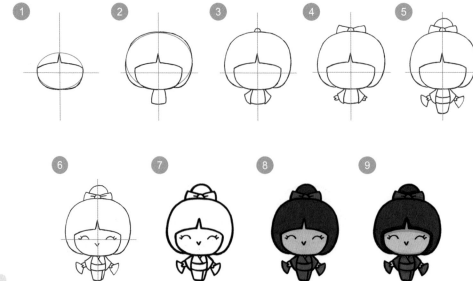

☆ 哥德式女孩 ☆

☆ 扮裝小孩 ☆

☆ 小紅帽 ☆

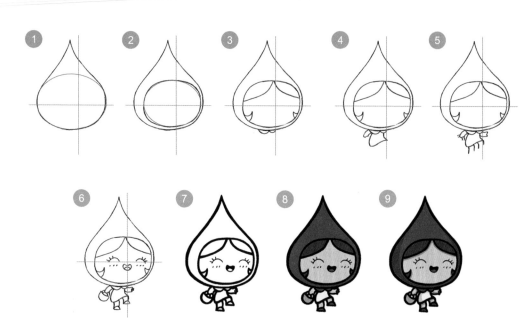

☆ 芭蕾舞蹈員 ☆

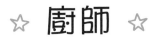

☆ 廚師 ☆

☆ 太空人 ☆

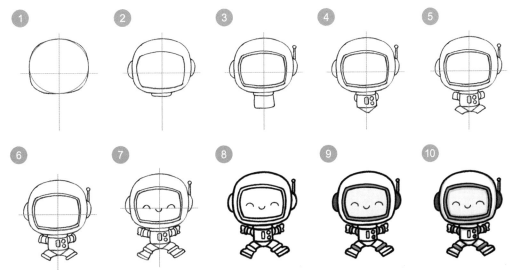

☆ 外星人 ☆

①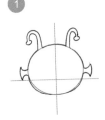

②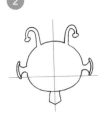

③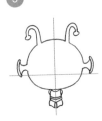

④

⑤

⑥

⑦

⑧

請你把喜歡的人物畫下來吧！

☆ 太空船 ☆

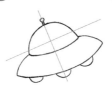

☆ 火箭 ☆

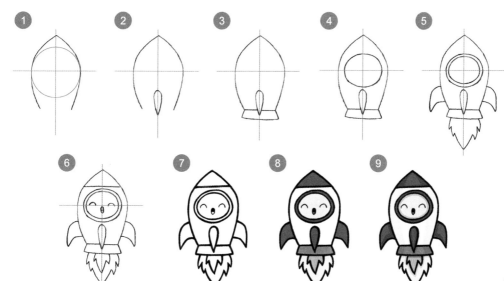

☆ 飛機 ☆

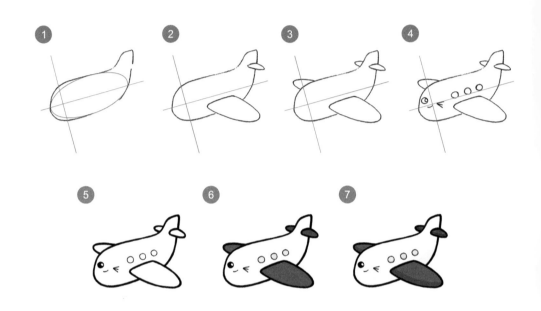

☆ 熱氣球 ☆

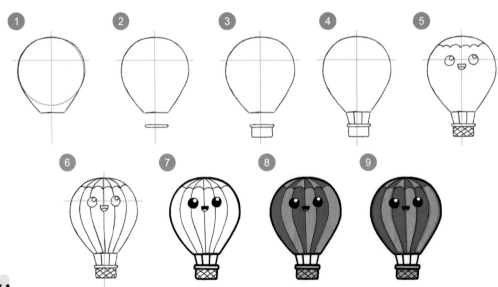

☆ 直升機 ☆

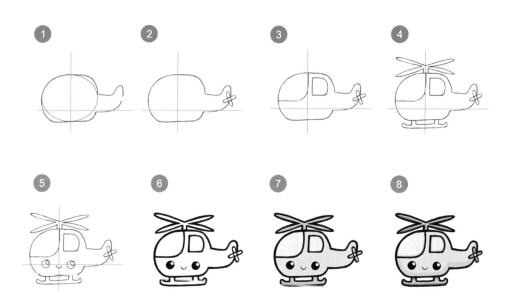

☆ 消防車 ☆

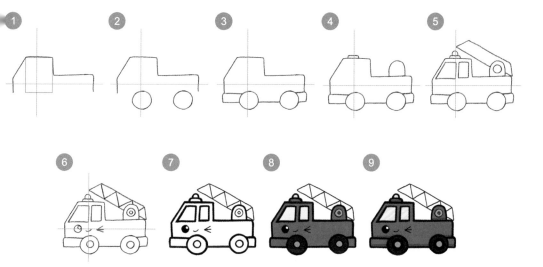

☆ 汽車 ☆

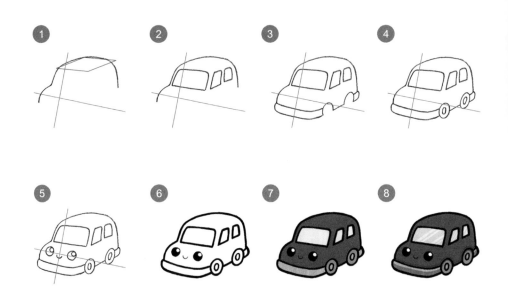

☆ 電單車 ☆

☆ 貢多拉船 ☆

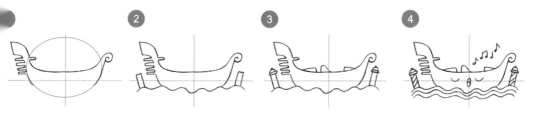

☆ 帆船 ☆

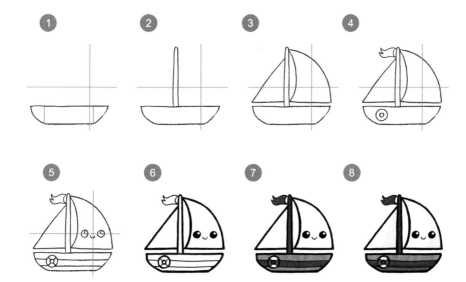

☆ 海盜船 ☆

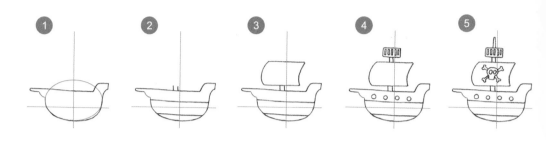

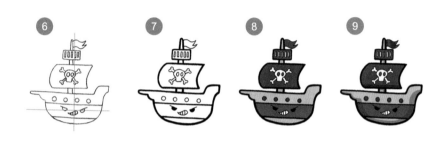

☆ 郵輪 ☆

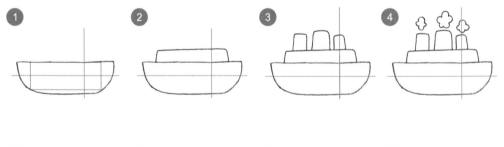

☆ 潛水艇 ☆

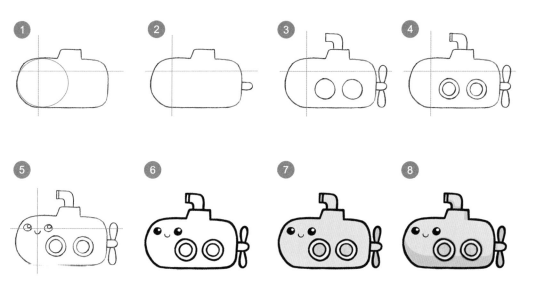

請你把喜歡的交通工具畫下來吧！

☆ 島嶼 ☆

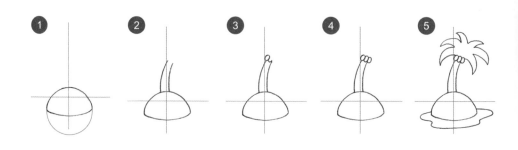

☆ 帳篷 ☆

☆ 馬戲團 ☆

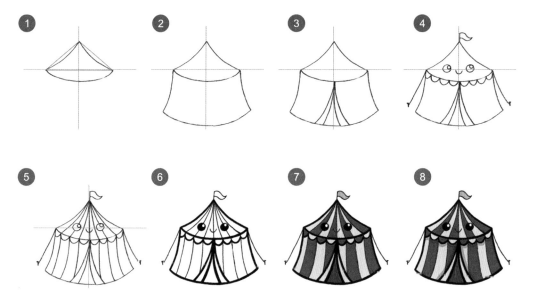

☆ 風車 ☆

☆ 房屋 ☆

☆ 城堡 ☆

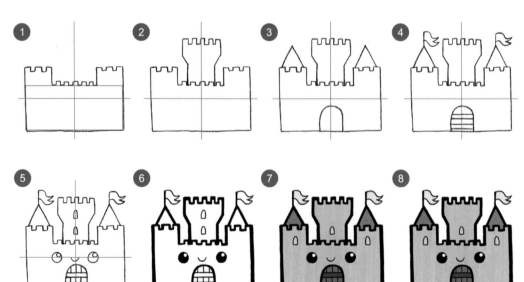

☆ 大笨鐘 ☆

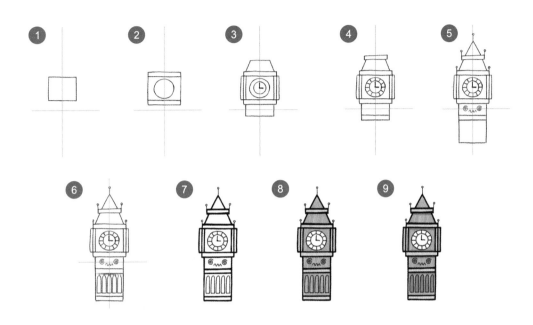

☆ 比薩斜塔 ☆

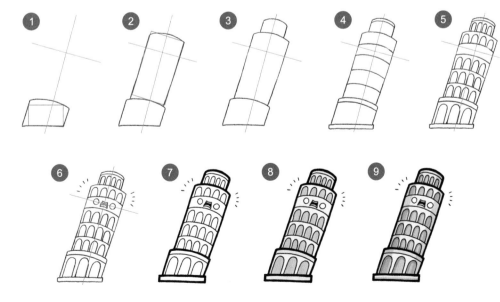

☆ 艾菲爾鐵塔 ☆

☆ 自由女神像 ☆

☆ 金字塔 ☆

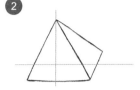
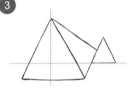

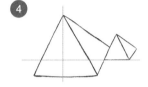
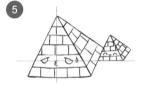

☆ 太陽 ☆

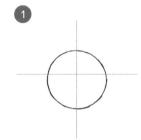

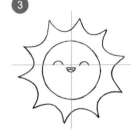

☆ 太陽、雲朵和彩虹 ☆

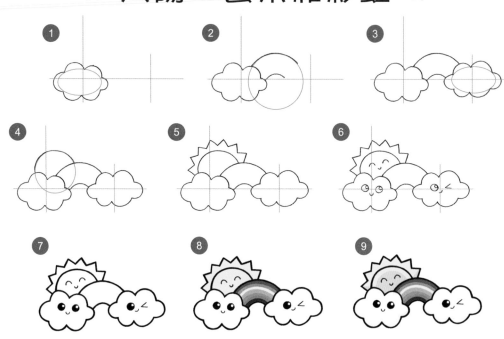

☆ 雷雨 ☆

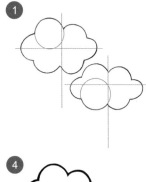

☆ 龍捲風 ☆

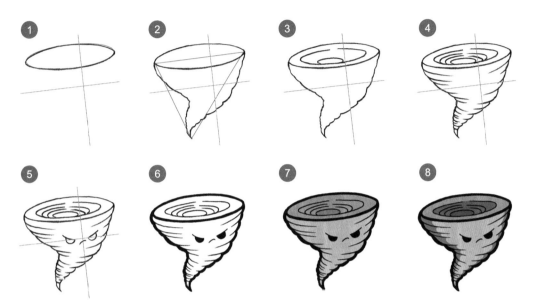

☆ 火焰 ☆

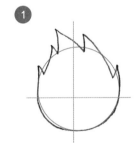

☆ 火山 ☆

☆ 山峯 ☆

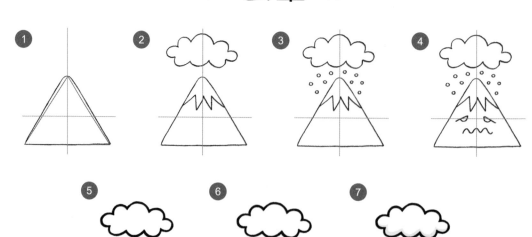

☆ 海浪 ☆

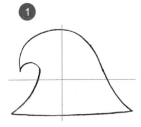

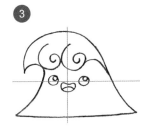

☆ 水滴 ☆

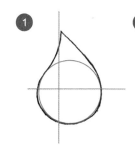

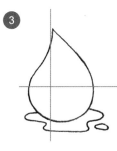
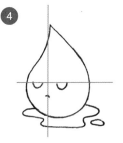

☆ 地球 ☆

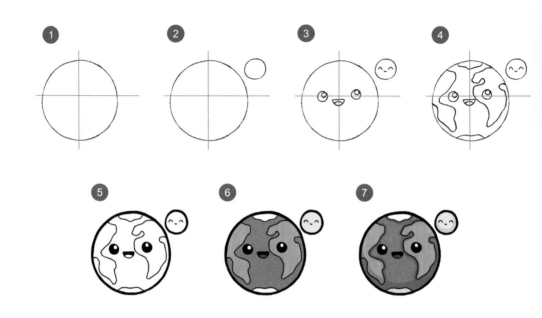

☆ 土星 ☆

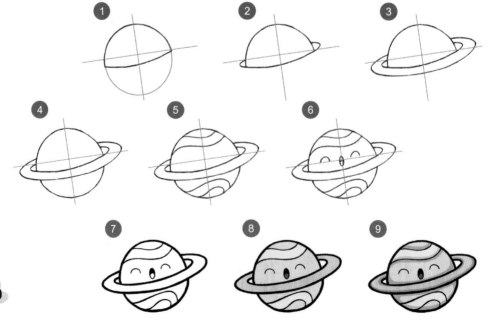

☆ 隕石 ☆

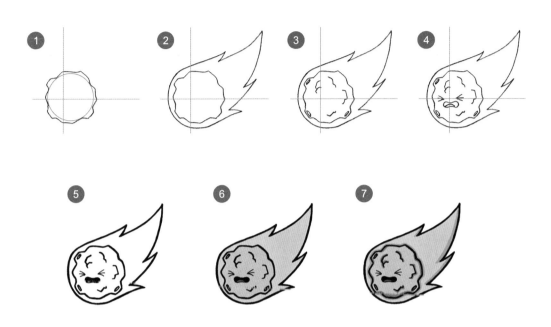

☆ 流星 ☆

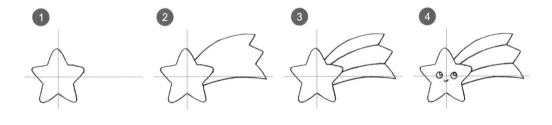

191

☆ 月亮 ☆

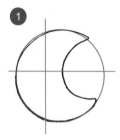

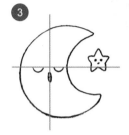

你最喜歡哪種自然事物呢？請你把它畫下來吧！